一枝独秀的核能

楼仁兴 李方正◎编著

吉林出版集团股份有限公司

图书在版编目（CIP）数据

一枝独秀的核能 / 楼仁兴，李方正编著. —— 长春 ：
吉林出版集团股份有限公司，2013.6
（新能源）
ISBN 978-7-5534-1961-9

Ⅰ．①一… Ⅱ．①楼… ②李… Ⅲ．①核能－普及读
物 Ⅳ．①TL-49

中国版本图书馆CIP数据核字(2013)第123449号

一枝独秀的核能

编　著　楼仁兴　李方正
策　划　刘　野
责任编辑　祖　航　李　娇
封面设计　孙浩瀚
开　本　710mm×1000mm　　1/16
字　数　105千字
印　张　8
版　次　2013年8月第1版
印　次　2018年5月第4次印刷

出　版　吉林出版集团股份有限公司
发　行　吉林出版集团股份有限公司
地　址　长春市人民大街4646号
　　　　邮编：130021
电　话　总编办：0431-88029858
　　　　发行科：0431-88029836
邮　箱　SXWH00110@163.com
印　刷　湖北金海印务有限公司

书　号　ISBN 978-7-5534-1961-9
定　价　25.80元

前　言

　　能源是国民经济和社会发展的重要物质基础，对经济持续快速健康发展和人民生活的改善起着十分重要的促进与保障作用。随着人类生产生活大量消耗能源，人类的生存面临着严峻的挑战：全球人口数量的增加和人类生活质量的不断提高；能源需求的大幅增加与化石能源的日益减少；能源的开发应用与生态环境的保护等。现今在化石能源出现危机、逐渐枯竭的时候，人们便把目光聚集到那些分散的、可再生的新能源上，此外还包括一些非常规能源和常规化石能源的深度开发。这套《新能源丛书》是在李方正教授主编的《新能源》的基础上，通过收集、总结国内外新能源开发的新技术及常规化石能源的深度开发技术等资料编著而成。

　　本套书以翔实的材料，全面展示了新能源的种类和特点。本套书共分为十一册，分别介绍了永世长存的太阳能、青春焕发的风能、多彩风姿的海洋能、无处不有的生物质能、热情奔放的地热能、一枝独秀的核能、不可或缺的电能和能源家族中的新秀——氢和锂能。同时，也介绍了传统的化石能源的新近概况，特别是埋藏量巨大的煤炭的地位和用煤的新技术，以及多功能的石油、天然气和油页岩的新用途和开发问题。全书通俗易懂，文字活泼，是一本普及性大众科普读物。

　　《新能源丛书》的出版，对普及新能源及可再生能源知识，构建资源节约型的和谐社会具有一定的指导意义。《新能源丛书》适合于政府部门能源领域的管理人员、技术人员以及普通读者阅读参考。

在本书的编写过程中，编者所在学院的领导给予了大力支持和帮助，吉林大学的聂辉、陶高强、张勇、李赫等人也为本书的编写工作付出了很多努力，在此致以衷心的感谢。

鉴于编者水平有限，成书时间仓促，书中错误和不妥之处在所难免，热切希望广大读者批评、指正，以便进一步修改和完善。

目录
CONTENTS

一枝独秀的核能

一枝独秀的核能

01

打开原子核

学过化学的人都知道，自然界所有的物质都是由数不清的分子构成的。例如，一滴水里就包含 1.5×10^{21} 个水分子。那么，这个水分子有多大呢？如果将水分子与乒乓球相比，就好像将乒乓球与地球相比一样，相差十分悬殊。

分子又由原子构成。例如，水分子（H_2O）就是由两个氢原子和一个氧原子构成的。原子比分子更小，通常用一种极小的单位——埃来

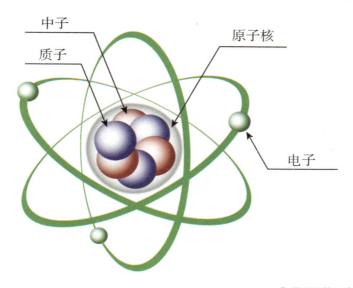

○ 原子结构示意图

衡量。一般原子的直径在1埃（1埃为1×10^{-10}米）到4埃之间，几千万个原子排成队也不过1厘米长。

那么，原子是不是"物质的始原"，不能再分了呢？不是。19世纪末到20世纪初，一系列的科学实验进一步揭开了原子内部的秘密。1896年，法国物理学家贝克勒尔在研究荧光物质时，无意中发现一种含铀的矿物会自发地放出一种看不见的且穿透能力很强的射线。后来经过居里夫人等人的研究，才知道像铀这一类的原子在放出几种看不见的射线以后，会变成另一种元素的原子。

以上实验说明，元素原子的内部一定还有复杂的结构，即使旧的结构破坏了，新的结构也会形成，于是就生成了新的原子。

（1）分子

分子是在游离状态下单质或化合物能够独立存在的最小质点，而原子是参加化学反应的最小质点。分子是由原子组成的，单质分子由相同元素的原子组成，化合物分子由不同元素的原子组成。化学变化的实质就是不同物质的分子中各种原子进行重新结合。

（2）荧光物质

荧光物质是一类具有特殊光学性能的化合物，它们能吸收特定频率的光，并发射出低频率（较长波长）的荧光，释放所吸收的能量。

（3）射线

射线是由各种放射性核素发射出的具有特定能量的粒子或光子束流。反应堆工程中常见的有γ射线和中子射线。

02
原子核的组成

　　人们通过对阴极射线的研究，发现了一种比原子更小的带负电荷的粒子——电子。不论用哪一种金属作实验材料，都能发射电子。这说明，电子确实是任何一种元素原子的组成成分。

　　人们用高速粒子轰击金属薄片，发现原子原来并不是一个质量均匀的小球，而是中心有一个密实的核，原子的绝大部分质量都集中在这个核里，这个核叫作原子核。

　　原子核同整个原子相比就更小了，其直径不到原子直径的万分之

🔎 **原子由质子和中子组成**

一。如果把原子核想象成一个西瓜，那么整个原子则是一个体育馆那样大的庞然大物。

如此说来，一个原子可以分为两部分：中心部分是一个密实的原子核，带正电荷；原子核的周围是带负电荷的电子，绕核旋转。这种"电子泡沫"几乎占据了原子的全部体积，但质量却只占整个原子质量的几万分之一或几十万分之一。

1932年，人们进一步发现，小得微不足道的原子核里还有更小的粒子——带正电荷的质子和不带电荷的中子。正是由于这个原因，原子核里的质子数与原子核外的电子数相等，正负电量相消，所以原子对外不表现出电性。

（1）阴极射线

阴极射线是从低压气体放电管阴极发出的电子在电场加速下形成的电子流。阴极可以是冷的，也可以是热的，电子通过外加电场的场致发射、残存气体中正离子的轰击或热电子发射过程从阴极射出。

（2）质子

质子是一种带正电荷的亚原子粒子，原子核中质子数目决定其化学性质和它属于何种化学元素。

（3）中子

中子是组成原子核的核子之一。中子是组成原子核构成化学元素不可缺少的成分，虽然原子的化学性质是由核内的质子数目确定的，但是如果没有中子，由于带正电荷质子间的排斥力，就不可能构成除氢之外的其他元素。

03
原子核的大小与质量

原子核的直径为$1 \times 10^{-13} \sim 1 \times 10^{-12}$厘米，这个数值可以说是微不足道了。自然界中最轻的原子核只由一个质子组成，是氢的原子核；最重的原子核由94个质子和150个中子组成，即钚–244的原子核。人工合成的原子核的质子数现已达到116个。下面介绍几个具体的原子和原子核结构的例子。

氢（H）原子：由1个质子（即氢原子核）和一个绕它高速旋转的电子组成。

氦（He）原子：由2个质子、2个中子（组成氦原子核）和绕氦原

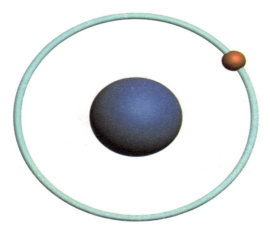

🔎 氢原子

子核高速旋转的2个电子组成。

氧（O）原子：由8个质子、8个中子（组成氧原子核）和绕氧原子核高速旋转的8个电子组成。

铀（U）原子：如铀-235，由92个质子、143个中子（组成铀原子核）和绕铀原子核高速旋转的92个电子组成。

原子核的质量不等于组成原子核的核子质量之和。组成原子核的质子和中子的质量之和与核原子的质量之差称为该核的质量亏损。核子结合成原子核时，这种质量上的减少，按照质能关系能释放出巨大的能量，这种能量称为原子核的结合能。简单的氘核结合能，大约等于2.225兆电子伏。可见原子核中蕴藏着巨大的能量，是一个能源宝库。

（1）电子

电子是构成原子的基本粒子之一，质量极小，带负电，在原子中围绕原子核旋转。不同的原子拥有的电子数目不同，例如，每一个碳原子中含有6个电子，每一个氧原子中含有8个电子。能量高的离核较远，能量低的离核较近。通常把电子在离核远近不同的区域内运动称为电子的分层排布。

（2）核子

核子是质子、反质子、中子和反中子的总称，是组成原子核的粒子。它由夸克和胶子组成，属于重子。利用核子可以制造核武器，威力巨大。

（3）电子伏

电子伏是能量的单位，代表一个电子经过1伏特的电场加速后所获得的动能，缩写为 eV。

04
核能、核电、核电站

核能，又称为原子核能或原子能，是核燃料（铀、钍、钚等）经过反应所释放出来的能量。自然界所有物质都由分子组成，而分子又由原子构成。原子就像一个微型的太阳系，中心的"太阳"是原子核，带正电荷。电子围绕原子核转动，其转动速度十分惊人，每秒钟可绕核转100万亿圈。原子核里还有更微小的东西，即带正电的质子和不带电的中子。

原子核的结构状态发生变化（自身衰变或参与核反应所致）而释放出来的能量，就是核能。而原子核外面的电子所释放出来的能量，则是化学能。

建设中的核电站

核电，就是把原子核裂变反应中释放出来的巨大热能从回路系统带出，产生蒸汽，驱动汽轮发电机运转发电。利用核能发电的电站，称为核电站。

目前已建成运转的核电站，其基本工作原理是：核燃料（如铀-235）在反应堆内进行核裂变的链式反应，产生大量热量，由载热剂（水或气体）带出，在蒸汽发生器中把热量传给水，将水加热成蒸汽来驱动汽轮发电机发电。载热剂把热量传给水后，再用泵把它送回反应堆吸热，循环应用，不断地把反应堆中释放的原子核能引导出来。核电站中的反应堆和蒸汽发生器相当于火电站中的锅炉，所以有人把它称为"原子锅炉"。核电站的其他设备与火电站相同。

（1）核燃料

核燃料是在核反应堆中通过核裂变或核聚变产生实用核能的材料。重核的裂变和轻核的聚变是获得实用铀棒核能的两种主要方式。铀-235、铀-238和钚-239是能发生核裂变的核燃料，又称裂变核燃料。

（2）核裂变

核裂变是指由重的原子（主要是指铀或钚）分裂成较轻的原子的一种核反应形式。原子弹以及裂变核电站、核能发电厂的能量来源都是核裂变。

（3）链式反应

链式反应是核反应产物之一，又是引起同类核反应继续发生并逐代延续进行下去的过程。原子弹爆炸就是链式反应的过程，一个中子撞击铀核生成新的原子核，同时又放出多个中子继续撞击其他铀核，这样反应就越来越激烈，直到反应物耗尽。

05
中国核科学家的贡献（一）

中国的核科学家们在核物理理论和中国的核工业发展上做出了开拓性的贡献。

1923年，中国物理学家吴有训和美国物理学家康普顿在以一定能量的γ射线碰击原子中内层电子的实验中发现：γ射线的部分能量传给了电子，并使它与γ射线的初始运动方向呈某一角度射出，而γ射线也与其初始运动方向呈某一角度散射。这种现象就是著名的"康普顿—吴有训效应"。

1930年，中国物理学家赵忠尧在美国先后发表两篇论文，描述了他在研究γ射线的实验中发现的正负电子湮没

🔍 中微子

现象。"电子"是带负电的粒子，即负电子；"反电子"是带正电的粒子，习惯上称它为正电子。当正电子与负电子相遇时，它们会立即消失而变成两个光子，这就是物理学上说的电子偶的湮没现象。1932年，美国物理学家安德逊在赵忠尧实验结果的基础上，于云室中观测到"正电子"的径迹。核物理学史上，第一个发现反粒子、第一个观测到正反粒子湮没现象的人，当推中国的物理学家赵忠尧教授。后来，人们又陆续发现了反质子、反中子等反粒子，于是有人推论这些反粒子可以组成"反原子"，由"反原子"可以组成"反物质"。人们研究反物质的主要目的是想从正反物质的湮没反应中获取核能。

（1）核物理

核物理又称原子核物理学，是20世纪新建立的一个物理学分支。它研究原子核的结构和变化规律，射线束的产生、探测和分析技术，以及同核能、核技术应用有关的物理问题。核物理是一门既有深刻理论意义，又有重大实践意义的学科。

（2）电子偶

电子偶是指一个电子和一个正电子组成的类原子系统。正电子和气体原子间碰撞，俘获原子中的一个电子而形成电子偶素。

（3）湮没现象

湮没现象是一种粒子与其反粒子相遇时会同时消失而转化为另一种粒子的现象。质量100%转化为能量，而核聚变能量的转化率也只有2%。如电子和正电子相遇会转化为一对方向相反、能量相等的光子。

06 中国核科学家的贡献（二）

　　1938年，中国物理学家钱三强，用云室拍下了世界上第一张铀核裂变的照片。1946年，钱三强和他的夫人何泽慧，用核乳胶技术先后发现了铀核裂变的"三分裂""四分裂"现象，在物理学界引起了很大反响，并由此而引发了一系列的研究。

　　1941年，中国物理学家王淦昌，独具卓识地设计出一种验证奥地利物理学家泡利于1930年预言的"中微子"存在的实验方案。论文在美国《物理评论》上发表后，许多核物理学家按他的建议进行了观测和验证。1952年，美国物理学家阿伦按照这一建议进行实验，证实了"中微子"的存在。1959年，在苏联杜布纳联合原子核研究所，王淦昌领导的一个研究小组在一台高能加速器上发现了世界上第一个荷电负超子——反西格马负超子。这一发现填补了粒子物理学"粒子—反粒子"表上的一个空白，是高能粒子实验物理学的一项重要成果，引起了核物理学界的重视。

　　1948—1949年间，中国物理学家张文裕在美国普林斯顿高等研究所发表论文，公布了他在云室和核乳胶技术研究从介子与原子核作用时，首次观测到的从原子及 μ 介子辐射。这一发现引起了核物理学界的广泛兴趣。1953年，科学家们在高能加速器上的实验证实了这一发现。于是，以张文裕的名字命名的"张氏原子（μ原子）""张氏辐射（μ介子辐射）"载入了科学史册。

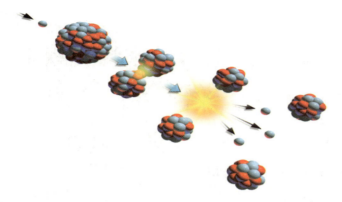

🔍 核裂变

（1）钱三强

　　钱三强，浙江绍兴人，原名钱秉穹，核物理学家、中国科学院院士。曾任浙江大学校长。钱三强与妻子何泽慧一同被称为"中国的居里夫妇"，他是中国发展核武器的组织协调者和总设计师，中国"两弹一星"元勋。

（2）中微子

　　中微子是轻子的一种，是组成自然界的最基本的粒子之一，常用符号"ν"表示。中微子不带电，自旋为1/2，质量非常轻（小于电子的百万分之一），以接近光速运动。

（3）张文裕

　　张文裕，我国宇宙线研究和高能实验物理的开创人之一，毕生致力于核科学研究和教学，有多项重要发明和发现，学术上最突出的成就是发现μ介原子，开创了奇特原子物理的深入研究。重视实验科学，重视实验基地的建设，为我国高能物理的发展、北京正负电子对撞机的建成奠定了基础。

07
中国核能的开发

1955年1月15日，毛泽东主持召开会议，专门听取科学家李四光、钱三强、刘杰关于原子能的汇报。他们汇报了铀矿资源与发展原子能事业的关系、铀矿初步勘探情况、核科学研究的现状以及国际原子能事业发展概况等问题，并用铀矿石标本和探测器做了现场演示。汇报和演示结束后，毛泽东说："我们的国家大，现在已经知道有铀矿，进一步勘探一定会找出更多的铀矿来。新中国成立以来，我们也训练了一些人，科学研究也有了一定的基础，创造了一定条件。过去几年，其他事情很多，还来不及抓这件事。这件事是要抓的，现在到时候了，该抓了。只要排上日程，认真抓一下，一定可以搞起来。"同时毛泽东强调指出："我们只要有人，又有资源，什么奇迹都可以创造出来。"

与会的其他领导人一致赞同毛泽东的讲话，对发展原子能事业表示了极大的兴趣和决心。会后，毛泽东和大家一起吃饭，并举杯祝酒说："为中国原子事业的发展干杯！"

从此，中国进入了开始钻研原子的历史新时期。

（1）原子能

原子能又称"核能"，是原子核发生变化时释放的能量，如重核裂变和轻核聚变时所释放的巨大能量。放射性同位素放出的射线在医疗卫生、食品保鲜等方面的应用也是原子能应用的重要方面。

（2）矿石

矿石是指矿物集合体。在现代技术经济条件下，能以工业规模从矿物中加工提取金属或其他产品。原先是指从金属矿床中开采出来的固体物质，现已扩大到形成后堆积在母岩中的硫黄、萤石和重晶石之类的非金属矿物。

（3）铀矿

铀矿是具有放射性的危险矿物。它们除了可以提取铀用于核工业外，还可以从中提取到镭和其他稀土元素。铀是一种极为稀有的放射性金属元素，在地壳中的平均含量仅为百万分之二。铀矿是矿石家族中的"玫瑰花"，色彩绚丽，却具放射性。

铀矿石

08
中国的核工业

中国的核工业体系包括：铀矿勘探、铀矿开采与铀矿提取，燃料元件制造，铀同位素分离，反应堆生产钚和氚，乏燃料后处理，铀冶金与核部件加工，热核材料生产，核武器研制，潜艇核动力装置研究，核发电，同位素应用以及相应的科学研究，工业设计，建筑安装，仪器设备制造，安全防护与环境保护等。核工业是一个十分庞大的系统工程。

中国核工业创建于1955年，核工业的创造与发展，是中国社会主义现代化建设的一项重大成就，标志着中国科学技术和工业水平有了很大的进步和提高。它为粉碎霸权主义的核垄断和核讹诈、建立中国自己的核力量、保卫国家安全、维护世界和平做出了重要贡献。同时，它也为在国民经济各个领域应用核能和核技术，打下了坚实的物质技术基础。中国已跻身于世界核先进国家的行列，是当今世界少数几个拥有核武器和比较完整的核科技工业体系的国家之一。

邓小平同志曾说："如果（20世纪）60年代以来中国没有原子弹、氢弹，没有发射卫星，中国就不能叫有重要影响的大国，就没有现在这样的国际地位。"

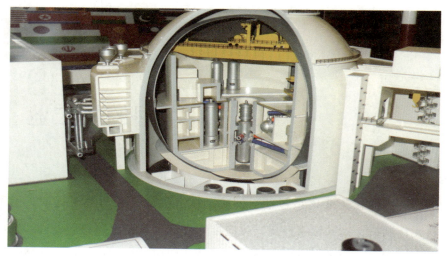

🔍 核反应堆模型

（1）核工业

核工业是核能开发、利用的综合性工业部门，主要任务是和平利用核能和研制、生产核武器。核工业包括从事核燃料、放射性同位素生产，核反应堆和核动力装置的研究、设计、建造，核能生产（发电和供热）和核武器研制。

（2）反应堆

反应堆，又称为原子反应堆，是装配了核燃料以实现大规模可控制裂变链式反应的装置，是用铀（或钍）作核燃料产生可控的核裂变链式反应并释放能量的装置。

（3）霸权主义

霸权主义是指一国凭借政治、军事和经济的优势，在全世界或个别地区破坏、控制他国主权，谋求统治地位的政策。1974年毛泽东接见赞比亚总统卡翁达时，提出霸权主义的概念。

09
初识核反应

　　科学家贝克勒尔发现，铀元素的原子核经过几次的放射，原子核的结构有了改变，铀元素的原子也变成了铅元素的原子。这个过程叫作核反应。天然放射性现象，就是天然发生的核反应过程。

　　核反应与普通化学反应不同，它使参加反应的原子结构遭到破坏，原子核发生改变，生成新元素的原子。但是天然的核反应过程没法用人工控制，放出射线的强弱和多少没有什么办法可以改变。那么能不能通过人工核反应，也就是采用人工的方法，把一种原子核变成另一种原子核，把一种元素的原子变成另一种元素的原子呢？

　　1919年，英国物理学家卢瑟福首先做到了这一点。他用一种高速的氦原子核去轰击氮原子核，结果得到了两种新的原子——氧原子和氢原子。这一成功大大鼓舞了人们实现人工核反应的信心。由于中子不带电，与带正电荷的原子核之间不存在电的排斥力，比较容易钻到原子核里去，所以用中子来引发原子核反应，一定要比用带正电的氢电子核等方便得多。

（1）核反应

核反应指入射粒子（原子核）与原子核（靶核）碰撞导致原子核状态发生变化或形成新核的过程。反应前后的能量、动量、角动量、质量、电荷与宇称都必须守恒。核反应是宇宙中早已普遍存在的极为重要的自然现象。

（2）卢瑟福

卢瑟福被公认为20世纪最伟大的实验物理学家，在放射性和原子结构等方面都做出了重大的贡献。除了在理论上有所创新以外，他的发现还在很大范围内有重要的应用，如核电站、放射标志物以及运用放射性测定年代。他被称为近代原子核物理学之父。

（3）原子结构

原子结构中原子非常小，其直径大约有千万分之一毫米。虽然原子很小，但它却是由位于原子中心的原子核和一些微小的电子组成的，这些电子绕着原子核的中心运动，就像太阳系的行星绕着太阳运行一样。

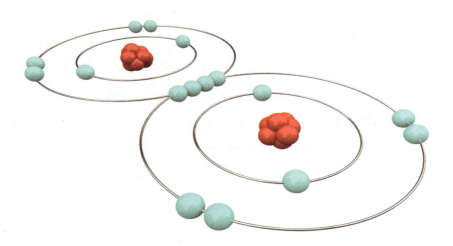

原子结构

10
科学史上的一项重大发现

　　1938年12月，人类完成了科学史上的一项重大发现：德国科学家奥托·哈恩等经过6年的实验，用中子作"炮弹"去轰击铀原子核，铀原子核一分为二，被分裂成两个质量差不多大小的"碎片"——两个新的原子核，产生了两种新元素，同时释放出惊人的巨大能量。这种原子核反应又叫裂变反应，放出的能量就叫裂变能。人们通常所说的原子能或核能，指的就是这种裂变能。这种能量要比化学能（如煤、石油、天然气燃烧发生化学反应时所产生的能量）大几百万倍甚至几千万倍。

　　后来，科学家们还发现，当用中子去轰击铀原子核时，一个铀原子核分裂的同时会产生两三个新的中子，新的中子又引起新的裂变，这样发展下去，裂变反应就能持续进行，并且像雪崩似的愈演愈烈。这种裂变反应，叫作链式反应。链式反应使得核燃料连续"燃烧"。例如，1千克铀中就含有2.4亿个铀原子，它们如果全部裂变，产生的热量就有7.62×10^{13}焦，同燃烧2600吨标准煤所放出的热量相当。

　　裂变反应进行的速度极快，如果不加以控制，一块铀在百万分之一秒甚至千万分之一秒内就会释放出巨大的能量，这就是核爆炸。原子弹就是根据这个道理制造的。1千克"铀炸药"抵得上1.8万吨烈性炸药梯恩梯的爆炸力。

雪崩

（1）雪崩

当山坡积雪内部的内聚力抗拒不了它所受到的重力拉引时，便向下滑动，引起大量雪体崩塌，人们把这种自然现象称作雪崩。同时，它还能引起山体滑坡、山崩和泥石流等可怕的自然现象。因此，雪崩被人们列为积雪山区的一种严重自然灾害。

（2）奥托·哈恩

奥托·哈恩（1879—1968），德国放射化学家和物理学家，1897年入马尔堡大学，1901年获博士学位，1944年荣获诺贝尔化学奖。

（3）梯恩梯

梯恩梯的化学成分为三硝基甲苯，这是一种威力很强而又相当安全的炸药，即使被子弹击穿一般也不会燃烧和起爆。梯恩梯在20世纪初开始广泛用于装填各种弹药和进行爆炸，在第二次世界大战结束前，一直是综合性能最好的炸药，被称为"炸药之王"。

11

打开大门，开辟通途

　　科学家们通过实验，为人类利用核能打开了大门，开辟了道路。在实验中，科学家发现：用一个中子作为炮弹去轰击铀核时，除产生两个裂变原子核，并且释放出巨大能量以外，还产生了新的中子，中子又去轰击铀核，又会再裂变出更多的"中子炮弹"。这样中子呈几何级数成倍地增加，就使铀核在极短的时间内全部分裂，在这种"链式反应"过程中，失去了质量却释放出了巨大能量，这就是原子能（核能）。这种"链式反应"的发现，终于揭开了核裂变的神秘面纱，使人类逐步认识和掌握了核裂变放出核能和核聚变放出核能这种高科技。

　　这一重大发现使人类找到了巨大的能源。一个铀原子核裂变可以释放出大约2亿电子伏特的能量，那么1克铀–235含有2.6×10^{21}个原子，每克铀–235如果全部裂变产生的能量就相当于5.2×10^{23}百万电子伏特。而像火柴那样大小的1000克铀–235发生核裂变释放出的能量相当于2万吨梯恩梯炸药的爆炸力，相当于2700吨优质煤燃烧时放出的能量。也可以说，1克铀–235燃料所释放出的能量相当于1.8吨石油产生的能量。

（1）几何级数

几何级数是一个数学上的概念，可以表示成a*xˆy，即以x的y次方的形式增长。通常情况下，x=2，也就是常说的翻几（这个值为y）番。

（2）核聚变

核聚变指质量小的原子（主要是指氕或氚）在一定条件下（如超高温和高压），发生原子核互相聚合作用，生成新的质量更重的原子核，并伴随着巨大的能量释放的一种核反应形式。原子核中蕴藏着巨大的能量，原子核的变化（从一种原子核变化为另外一种原子核）往往伴随着能量的释放。

（3）石油

石油又称原油，是一种黏稠的深褐色液体，地壳上层部分地区有石油储存。石油是古代海洋或湖泊中的生物经过漫长的演化形成的，属于化石燃料。石油主要被用来作为燃油和汽油，也是制造许多化学工业产品如溶液、化肥、杀虫剂和塑料等的原料。

🔎 石油

12

如何获得原子能

要取得原子核能，必须使原子核的运动状态发生变化。原子核的变化基本上有"放射性"和"核反应"两种类型。核反应有三种形式：裂变反应、聚变反应和一般的核反应。

放射性蜕变和一般的核反应都能释放出大量的能量，然而人们很少直接利用。放射性元素有固定的"半衰期"，例如镭的半衰期是1620年，即每一克镭必须经过1620年，才有半克镭通过放射性蜕变而转变成其他物质，剩下的半克镭再经过1620年，又有一半（即0.25克）镭通过蜕变而转变成其他物质，这是原子核发生变化的过程，原子核能就伴随着这一过程而被释放出来。一般的核反应不能自发发生，只有供给以"激发能"时，反应才会发生。

一般情况下，所需的"激发能"比从核反应中获得的能量还要大，而停止供应"激发能"时，反应就立即停止。

从原子核能的发现到原子核能的利用，其间相隔了整整半个世纪。天然放射性现象是1896年发现的，到1919年，人们第一次实现了人工核反应。1939年，在发现"链式反应"后，人们才有可能用人工方法来释放潜藏在原子核中的能量。

🔍 能量巨大的原子能

（1）蜕变

蜕变指原子核放出粒子后，原子序数和质量数发生改变并形成新原子核的过程。其类型有 α 蜕变和 β 蜕变。

（2）半衰期

半衰期是放射性元素的原子核有半数发生衰变时所需要的时间。放射性元素的半衰期长短差别很大，短的远小于一秒，长的可达数万年。

（3）激发能

一般情况下粒子处于能量低的基态，当粒子吸收外界一定的能量E，粒子就会从基态跃迁到激发态，这部分能量E就称作激发能。

13
核反应堆

1942年12月2日，科学家们聚集在美国芝加哥大学体育场底下的一个临时实验室里，这里刚建成一个核反应堆，科学家们正在进行控制链式反应的试验。这项试验是美国曼哈顿计划的主要内容之一。

这个核反应堆宽9米，长近10米，高约6.5米，重1400吨，其中装有52吨铀和铀的化合物。

负责这项试验的是意大利科学家费米。核反应堆的全部输出功率不超过200瓦。但正是这个小小的核反应堆，却翻开了能源科学史上新的一页，向全世界宣告原子能时代的到来。

那么，什么是核反应堆呢?简单地说，核反应堆是使原子核裂变的链式反应能有控制地持续进行的装置，是我们利用原子能的一种最重要的大型设备。反应堆的核心部分是堆芯，原子核裂变的链式反应就在这里进行。组成堆芯的核燃料被做成棒状或块状的燃料元件。用中子一"点火"，链式反应开始，核燃料就马上"燃烧"起来了。

裂变过程中产生的中子，多数都飞得很快，快中子不容易引起新的裂变。怎么办呢?可以用水、重水、石墨等慢化剂来减慢它们的速度。慢中子跑得慢，被铀原子核吸收的机会多，这就容易引起新的核裂变。链式反应不仅需要"点火"，而且必须具备一定数量的中子才能维持。堆芯的周围包上一层由水、石墨等做成的反射层，把那些企图"溜"出反应区的中子反射回去，这样可以减少中子的损失，缩小反应堆的体积。

（1）曼哈顿计划

曼哈顿计划是美国陆军部于1942年6月开始实施的利用核裂变反应来研制原子弹的计划。该工程集中了当时西方国家最优秀的核科学家，动员了10万多人参加这一工程，耗资20亿美元，于1945年7月16日成功地进行了世界上第一次核爆炸，并按计划制造出两颗实用的原子弹。

（2）重水

重水是由氘和氧组成的化合物，分子式D_2O，分子量20，比普通水（H_2O）的分子量18高出约11%，因此叫作重水。在天然水中，重水的含量约占0.015%。由于氘与氢的性质差别极小，因此重水和普通水也很相似。

（3）慢化剂

慢化剂是热中子堆内用于降低快中子速度的材料。对其主要要求是：慢化能力强，中子吸收弱，与冷却剂和燃料棒包壳以及其他结构材料的相容性好，热和辐照稳定性好等。

核能反应堆

14
核燃料元件

经过提纯或同位素分离后的铀，还不能直接作为核燃料，要经过化学、物理机械加工等复杂过程，制成形状和品质各不相同的元件，才能供各种反应堆作为燃料来使用。一般来说，有多少种核反应堆，就有多少种核燃料元件。按组合特征，可分为金属型、陶瓷型和弥散型三种；按几何形状分，有柱状、棒状、环状、条状、球状、棱柱状元件；按反应堆分，有试验堆元件、生产堆元件、动力堆元件（包括控电站用的核燃料组件）。

虽然核燃料元件种类繁多，但一般都由芯体和包壳组成。

核燃料元件在核反应堆中的工作环境十分恶劣，由于长期处于强辐射、高温、高流速、高压的条件下，所以，芯体要有良好的综合性能。对包壳材料还要求有较小的热中子吸收截面（快堆除外），在使用寿期内，不能破损。因此，核燃料元件制造是一种高科技含量的技术。

在克服了种种难关后，中国第一条核燃料生产线于1965年6月在包头核燃料元件厂建成投产，为生产堆提供了合格的核燃料元件。

🔍 核燃料组件

（1）热中子

  热中子指与所在介质处于热平衡状态的中子。标准的热中子能谱是麦克斯韦谱，标准中子温度为 293.58开，对应的中子最概然能量和速度分别为0.025 3电子伏和2200米/秒。

（2）包头

  包头地处内蒙古高原的南端，居住着蒙古族、汉族、回族、满族、达斡尔族、鄂伦春族等31个民族。包头是国务院首批确定的13个较大城市之一，是内蒙古自治区最大的工业城市，是国家重要的基础工业基地。

（3）国防

  国防是指国家为防备和抵抗侵略，制止武装颠覆，保卫国家的主权统一、领土完整和安全所进行的军事活动，以及与军事有关的政治、经济、科技、教育等方面的活动。

15
如何控制反应速度

控制链式反应速度的途径是控制中子的生成量，办法很简单，只需要在反应堆里安置一种棒状的控制元件。控制棒用能强烈吸收中子的镉、硼、铪等材料制作。把控制棒插进反应堆深一点，吸收更多的中子，链式反应规模就减小，反应堆的功率就降低；相反，把控制棒从堆内拉出一点，吸收中子减少，链式反应的规模扩大，反应堆的功率也就跟着上升了。这样调节控制棒在反应堆

核反应堆模型

里的位置深浅，就能控制反应堆的运行。

反应堆工作了，链式反应进行着，核燃料裂变放出的能量使反应堆的温度迅速上升，这就要用冷却剂来冷却。水、重水等液体，氦、二氧化碳等气体，以至金属钠等常温下的固体，都可以用作冷却剂。使用冷却剂既是为了降温，也是为了把反应堆生产出来的能量带走，所以冷却剂又叫载热剂，通过载热剂带出的热量可以送到有关用户去利用。载热剂从反应堆里出来后，通过热交换器把热量传递给水，水受热变成蒸汽，蒸汽就可以推动汽轮机发电，这叫原子能发电，或称核电。

（1）冷却剂

冷却剂是用来将核裂变所释放出的能量转移到反应堆外的锅炉或涡轮机中，并将动能转变为电能。冷却剂可以是液体，也可以是气体，通过传送泵在核反应堆和锅炉之间循环传送。有时冷却剂也可以兼作减速剂。

（2）控制棒

控制棒是采用热中子强吸收材料、用来控制反应性的可移动部件。通过调节其插入堆芯的深度，可简便快捷地实施启动、停堆和功率调整。根据功能，控制棒可分为安全棒、补偿棒、调节棒等。

（3）氦

氦为稀有气体的一种，在通常情况下为无色、无味的气体，是唯一不能在标准大气压下固化的物质。氦是最不活泼的元素，基本上不形成什么化合物。氦主要是作为保护气体、气冷式核反应堆的工作流体和超低温冷冻剂。

16
反应堆的工作原理

　　在核能的利用上，不希望铀核裂变太快，需要控制铀的裂变速度，使巨大的原子核能缓慢地释放出来，这就需要设计一种特殊的可受控制的反应装置——原子核反应堆。

　　原子核反应堆的核心部件是堆芯。堆芯内装有铀–235、钚–239等核燃料，用中子"点火"，原子核裂变的"链式反应"就开始了，即核燃料就"燃烧"起来。

　　铀–235裂变产生的是速度很快的快中子。这些快中子很容易被天

核反应堆模型

然铀中含量很高的铀-238俘获，从而不发生裂变，使铀-235原子核之间的链式反应停止。为了降低中子的速度，人们在铀棒的周围装入石墨或重水等减速剂。这样铀-235裂变产生的快中子进入石墨后，就与石墨的原子核发生相互碰撞，结果速度减慢，能量减小，变成了速度较慢的热中子。铀-238不吸收这种热中子，从而保证了铀-235的裂变反应继续进行。

反应堆启动后，核裂变释放出的核能会使反应堆的温度迅速上升。人们采用循环运行的冷却剂，把能量从反应堆里源源不断地输送出来，通过热交换器把能量传送给水，大量的水受热变成高温高压的蒸汽，蒸汽再去推动汽轮发电机发电，这就成了核电站。

（1）快中子

　　快中子是核反应中未经过慢化剂慢化的中子。因为裂变核放出的中子比原子核可以吸收的中子快，为保证核反应持续进行，需要用轻核元素慢化中子，慢中子也称为热中子。

（2）石墨

　　石墨是元素碳的一种同素异形体。石墨质软，黑灰色，有油腻感，可污染纸张，在隔绝氧气的条件下，其熔点在3000℃以上，是最耐温的矿物之一，它能导电、导热。用它可以制造铅笔芯和润滑剂。

（3）热交换器

　　热交换器是用来使热量从热流体传递到冷流体，以满足规定的工艺要求的装置，是对流传热及热传导的一种工业应用。

17

天然核反应堆之谜

建设中的核电站

自然界存在一个天然的核反应堆，这并非天方夜谭，它就是位于非洲加蓬共和国的弗朗斯维尔城的奥克洛铀矿。

1972年6月，法国彼埃尔拉特气体扩散工厂里一名叫鲍齐奎斯的工作人员，在对天然铀矿中的铀–235含量进行常规分析时，发现了一个奇怪的现象：原来，铀–235在铀矿中含量的精确值为0.720 2%，最大偏差不会超过1‰。可是，奥克洛铀矿的这一数值变成了0.717 1%，降低了4‰，这是什么原因呢？仪器出了毛病？还是铀矿有了问题？经过仔细分析，人们将怀疑对象集中到了铀矿身上。原来，奥克洛铀矿中的铀-235发生了变化，这些铀矿石早已燃烧过了，其中甚至还留下了铀-235裂变后的灰烬。

在普通铀矿石里，铀-235和同位素铀-238的比值为0.72%，而奥克洛铀矿中的比值仅为0.4%，甚至降到了0.25%，下降幅度达58%；铀-235裂变的产物——氙-132的同位素比值却要高得多；同时，其他元素，如稀土金属元素、钙元素、惰性气体氪元素等的含量都与众不同。由此得出结论：这是地球上最早的核裂变链式反应堆造成的。

（1）稀土金属元素

稀土金属元素是元素周期表ⅢB族中钪系、钇系、镧系17种元素的总称，常用R或RE表示。稀土金属是从18世纪末开始陆续被发现，光泽介于银和铁之间，化学活性很强。

（2）惰性气体

惰性气体都是无色、无臭、无味的，微溶于水，溶解度随分子量的增加而增大。稀有气体的分子都是由单原子组成的，它们的熔点和沸点都很低，随着原子量的增加，熔点和沸点增大。它们在低温时都可以液化。

（3）同位素

同位素是质子数相同而中子数不同的同一元素的不同核素。例如氢有三种同位素，即 H氕、D氘（又叫重氢）、T氚（又叫超重氢）；碳有多种同位素，例如^{12}C、^{13}C和^{14}C等。

18
解开天然核反应堆之谜

　　许多核物理学家对天然核反应堆深表怀疑，在他们看来，要发生核裂变链式反应，首先要有大量高浓度的铀，其次必须用重水作减速剂才可能达到临界态。这些苛刻的条件，大自然本身怎么可能具备呢？他们对此百思不得其解。

　　奥克洛天然核反应堆究竟来自何方？科学家首先排除了人为的因

核潜艇模型

素。有人说这是来自其他星球的天外来客在地球上丢弃的核废料。但是，在没有确实证据之前，这种假设的说服力并不是很强。也有人认为，由于铀–235的半衰期为7亿年，而铀–235的半衰期为45亿年，因此，越是在地球历史的早期，铀–235的含量就越高。

形成于20亿年以前的奥克洛铀矿，铀–235的含量应在3%以上，远远高于今日的0.72%，在当时的情况下，用普通水作慢化剂，就可能达到临界态。由此可见，天然链式反应是完全有可能发生的，关键就在于铀–235的含量，这要求地质条件既要时代久远，又要铀矿石的品位奇高。

不管如何，奥克洛铀矿的发现，对人类研究太阳系物质和早期的地球演变有着极其重要的价值。

（1）临界态

临界态就是核裂变产生出的新中子数量刚好满足反应堆继续裂变的需要。如果中子数过多，反应堆运行就会不稳定，严重时甚至有爆炸的危险；反之，如果中子数过少，裂变反应则会停下来。

（2）奥克洛铀矿

奥克洛铀矿位于非洲加篷共和国境内，是地球上目前唯一的天然核裂变反应堆，此堆大约是在20亿年前天然形成的。由三个主要沉积区中的16个自然裂变点组成。

（3）太阳系

太阳系就是现在所在的恒星系统。它由太阳、8颗行星、66颗卫星以及无数的小行星、彗星及陨星组成。太阳系是以太阳为中心，和所有受到太阳引力约束的天体组成的一个集合体。

19
原子能实验的故事

　　放射性元素铀被轰击后能放出多大的能量？能生成什么物质？这是科学家们首先想知道的问题。1934年，费米第一个实现铀核裂变，此后，哈恩等在做类似的实验时发现：获得的生成物并不是质量和铀靠近的元素，而是和铀相差很远的钡。这种现象让他们百思不得其解。后来，哈恩把这种现象告诉了奥地利女物理学家梅特纳。她和在丹麦玻尔研究所工作的弟子弗瑞士反复讨论，终于发现：1个中子打碎

🔍 核爆炸

1个铀核，能产生大量能量，并放出2个中子来；这2个中子又打中另外2个铀核，产生2倍的能量，再放出4个中子来；这4个中子又打中另外4个铀核……以此类推，就会放出比相同质量的化学反应大几百万倍的能量。这就是所谓的"链式反应"。从此，这种"原子能的火花"给世界带来了新的光明。人类获得了一种新的能量——原子能。

那么，巨大的原子能来自何处呢？原来，原子核内有三种不同的能量：原子核内粒子的能；粒子之间电磁相互作用而产生的电热能；强大的磁力产生的引力势能。这三种能量就是原子核的结合能。原子核经过变化形成新的结合能更大的原子核，就会放出原子核内的能量，这就是原子能。

（1）电磁

电磁是物质所表现的电性和磁性的统称，如电磁感应、电磁波等。电磁是法拉第发现的，电磁现象产生的原因在于电荷运动产生波动，形成磁场，因此所有的电磁现象都离不开磁场。

（2）引力势能

引力势能是物体（特别指天体）在引力场中具有的能，物理学中经常把无穷远处定为引力势能的零势能点。人们熟知的重力势能是引力势能在特殊情况下的表达形式。

（3）结合能

结合能指两个或几个自由状态的粒子结合在一起时释放的能量。自由原子结合为分子时放出的能量叫作化学结合能，分散的核子组成原子核时放出的能量叫作原子核结合能。

20
原 子 弹

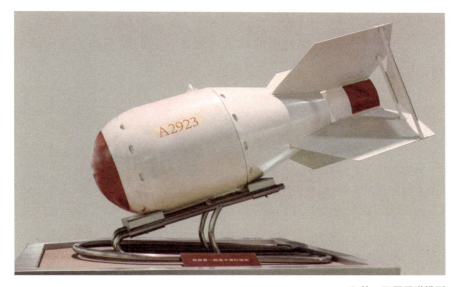

○ 第一颗原子弹模型

原子弹是利用铀–235或钚–239等重原子核裂变反应，瞬间释放出巨大能量达到破坏效果的核武器，也称为裂变弹。根据核装料的不同，可分为铀弹和钚弹。以铀–235作为装料的称铀弹，以钚–239作为装料的称为钚弹。

1千克铀–235或钚–239，如果完全裂变，在裂变和衰变的过程中，可释放约两万吨梯恩梯当量的能量。

原子弹的设计原理，是使处于次临界状态的裂变装料瞬间达到超临界状态，并适时提供若干中子触发裂变反应。超临界状态可由两种方法来实现，一种是"枪法"，另一种是"内爆法"。

"枪法"原子弹是把几块处于次临界状态的裂变材料，在化学炸药产生的爆炸力的推动下，迅速合拢而呈超临界状态产生核爆炸。

"内爆法"原子弹是利用高能化学炸药产生的内聚冲击波和高压力，压缩处于次临界状态的裂变材料，接着裂变材料的密度急剧提高而处于超临界状态产生核爆炸。

中国第一颗原子弹利用的就是内爆法，它的效率高，被广泛采用。

（1）裂变弹

利用铀或钚等易裂变重原子核裂变反应瞬时释放巨大能量的核武器，又称裂变弹。威力通常为几百到几万吨梯恩梯当量，有很大的杀伤破坏力。可单独配置在不同的投射工具中而成为核导弹。

（2）超临界状态

超临界状态指物质的压力和温度同时超过它的临界压力（pc）和临界温度（Tc）的状态。超临界状态是一种特殊的流体。在临界点附近，它有很大的可压缩性，适当增加压力，可使它的密度接近一般液体的密度，因而有很好的溶解其他物质的性能。

（3）冲击波

冲击波是一种不连续峰在介质中的传播，这个峰导致介质的压强、温度、密度等物理性质发生跳跃式改变。通常指核爆炸时，爆炸中心压力急剧升高，使周围空气猛烈震荡而形成的波动。冲击波以超音速的速度从爆炸中心向周围冲击，具有很大的破坏力，是核爆炸重要的杀伤破坏因素之一。

21
第一颗原子弹试爆

和平利用原子能的最大成就是建立原子能发电站。原子核反应堆产生的热能使水变成水蒸气，水蒸气推动汽轮机转动而发电。原子能为人类提供了一种新的能源，这将大大缓和世界的能源危机。

原子能的研究要归功于青年物理学家费米。1942年12月2日，费米在美国芝加哥大学一个网球场上建成了世界上第一座核反应堆。1945年7月16日，美国新墨西哥州小城

○ 蘑菇云模型

圣菲的西北约56千米处吉米兹山的西边，正在紧张地进行一项震惊世界的科学实验。此时，控制台大厅响起了报读时间的声音："4、3、2……"。当读数报到零时，只见远处一道闪光，霎时，蘑菇云扶摇直上，天空中出现了比太阳还要亮的闪光。几秒钟后，人们听到了隆隆巨响。就在大地突然刮起狂风时，只见一个人不慌不忙地从口袋里拿出几张纸片，撒向空中。过后，他用脚步估计了一下纸片落地的距离，马上告诉他的同事这颗"炸弹"爆炸强度有多大，而他的估计和仪器测量的结果竟然相差无几。

这就是震惊世界的第一颗原子弹试爆现场。那个神奇的人就是原子能理论的创立者之一、原子弹的主要设计者、著名物理学家费米。

（1）芝加哥

芝加哥位于美国中西部，属伊利诺伊州，是美国仅次于纽约市和洛杉矶的第三大城市。芝加哥地处北美大陆的中心地带，为美国最重要的铁路、航空枢纽。芝加哥也是全球最重要的一个金融中心，是美国第二大商业中心区。

（2）蘑菇云

蘑菇云指的是由于爆炸而产生的强大的爆炸云，形状类似于蘑菇，上头大，下面小，由此而得名。云里面可能有浓烟、火焰和杂物，现代一般特指原子弹或者氢弹等核武器爆炸后形成的云。

（3）费米

费米（1901—1954），物理学家。他在理论和实验方面都有重大建树，这在现代物理学家中是屈指可数的。费米人生的最后几年，主要从事高能物理的研究。1949年，揭示宇宙线中原粒子的加速机制，提出宇宙线起源理论。

22
曼哈顿工程

核裂变时，一分为二，二分为四，四分为八，八分为十六，十六分为三十二，三十二分为六十四，六十四分为一百二十八……，产生几何级数的分裂。就是说，1千克铀–235完全裂变完毕只需80次左右，所需时间只有百万分之一秒。

铀核在中子作为炮弹轰击时，会分裂成两个质量差不多的新原子核——钡和氪，同时放出两三个中子、α射线、β射线、γ射线和极

🔍 核弹头

大的能量，这种现象就是核裂变。核裂变过程中产生的能量叫作核裂变能。当很轻的原子核在极高的温度下非常接近时，会聚合在一起，形成一种新的原子核，同时释放出比核裂变更多的能量，这个过程就是核聚变。

第二次世界大战期间，为制造出威力巨大的超级炸弹，从1940—1945年，美国耗资22亿美元，用去了全国1/3的电力，调集了15万名科技人员，开始了前后有50万人参加的"曼哈顿工程"。经过5年的紧张工作，三颗原子弹诞生了。1945年7月16日，人类制造的第一颗原子弹试爆成功。在百万分之一秒内，埋藏在原子内部的巨大能量终于被释放出来了。

（1）α射线

α射线是放射性物质所放出的α粒子流，它可由多种放射性物质（如镭）发射出来。α粒子带有正电荷，由于α粒子的质量比电子大得多，通过物质时极易使其中的原子电离而损失能量，所以它穿透物质的本领比β射线弱得多，容易被薄层物质所阻挡，但是它有很强的电离作用。

（2）β射线

β射线的贯穿能力很强，电离作用弱，本来物理世界里没有左右之分，但β射线却有左右之分。一些β射线能穿透皮肤，引起放射性灾害。

（3）γ射线

γ射线，又称γ粒子流，是原子核能级跃迁蜕变时释放出的射线，是波长短于0.2埃的电磁波。γ射线有很强的穿透力，工业中可用来探伤或流水线的自动控制。γ射线对细胞有杀伤力，医疗上可用来治疗肿瘤。

23
中国第一颗原子弹爆炸成功

1964年10月16日15时，随着主控室"零时"的报出，瞬间，随着强烈的闪光和惊天动地的巨响，巨大的火球呈蘑菇状冲天而起。中国第一颗原子弹试验成功了。新华社当夜发表了《新闻公报》和《中华人民共和国政府声明》（简称《声明》）。《声明》中强调指出："中国进行核试验，发展核武器，是被迫而为的"，"是为了打破核大国的核垄断，要消灭核武器"，"中国在任何时候、任何情况下，都不会首先使用核武器"。"中国政府将一如既往，尽一切努力，争取通过国际协商，促进

第一颗原子弹爆炸

全面禁止和彻底销毁核武器的崇高目标的实现。在这一天没有到来之前，中国政府和中国人民坚定不移地走自己的路，加强国防，保卫祖国，保卫世界和平"。

1965年5月14日，第一次空爆原子弹试验成功，标志着中国有了可用于实战的核武器；1966年5月9日在核试验场，进行了含有热核材料的原子弹试验，试验获得了热核反应的实例数据，达到了预期的效果，获得成功；1966年12月28日，按计划进行了氢弹原理试验，这次试验标志着中国已基本上突破了制造氢弹的技术难关；1969年9月23日，在中国本土进行了第一次核弹头与导弹结合试验，取得圆满成功；1969年9月23日进行了第一次地下核试验，试验获得成功。

（1）新华社

新华通讯社，简称新华社，是中国的国家通讯社，法定新闻监管机构，同时也是世界性现代通讯社。新华社是中国共产党早期创建的重要舆论宣传机构，从诞生起就在党中央的直接领导下开展工作，肩负党和人民赋予的神圣使命，发挥着重要的作用。

（2）垄断

垄断一般指唯一的卖者在一个或多个市场，通过一个或多个阶段，面对竞争性的消费者。垄断者在市场上能够随意调节价格与产量。

（3）热核材料

热核材料通常包括氘（D）、氚（T）和锂-6。氘广泛地以重水（D_2O）的形式存在于天然水中。氚则是人工制备的放射性核素。氘、氚在常温下呈气体状态，不易贮存和使用。锂的化学性质活泼，因此，在使用时要做成较稳定的化合物，如氘化锂-6、氚化锂-6等。

24
核燃料铀的发现史

　　原子能工业的重要原料——铀，以其神奇的威力名扬四海，备受科学家宠爱。然而，今天的佼佼者，昔日还有一部漫长的"冷落"史呢！

　　1789年，德国矿物化学分析家克拉普罗特在化学实验中，析出了一种黄色沉淀的，他认为这是一种新元素的氧化物。他将这种黄色沉淀物与碳放在一起加热到很高的温度，最后变成金属态的黑色物质。克拉普罗特认为这是一种新元素，起名为"乌拉尼特"，第二年又易名为"铀"。

　　乌拉尼特是不是一种新元素呢？法国科学家佩里戈特揭开了这个秘密。他把升华出来的无水四氯化铀同钾一起在白金坩埚中进行加热处理后，第一次获得了银白色的金属铀。由此证明克拉普罗特所谓

🔍 核符号

的新元素，只不过是铀的一种氧化物。这样，经历了半个多世纪的孕育，铀才艰难地出世了。

铀是一种放射性元素，它的同位素有两种，即铀–235和铀–238。目前，核专家认为可行的取得核燃料铀的方法有三种：开采铀矿（从含铀量只有0.1%左右的矿石中将铀提炼出来，加工成含量较高的铀浓缩物）、海水提铀（海水中含铀约为十亿分之三，即1000吨海水中含有3克铀）、循环使用（核燃料铀–235在反应堆内"燃烧"一段时间后，把它们卸出。送往后处理工厂进行化学回收未"燃尽"的铀–235和新生的钚–239）。

（1）升华

在物理学中，升华指物质从固态直接变成气态的相变过程，升华时要吸热。同时，升华又可以比喻某些事物的精炼和提高、思想境界的升华等。

（2）沉淀

沉淀是发生化学反应时生成的不溶于反应物所在溶液的物质。沉淀作用表示一个新的凝结相的形成过程，或由于加入沉淀剂使某些离子成为难溶化合物而沉积的过程。产生沉淀的化学反应称为沉淀反应。

（3）坩埚

坩埚是用极耐火的材料（如黏土、石墨、瓷土、石英或较难熔化的金属铁等）所制的器皿或熔化罐。坩埚使用时通常会将坩埚盖斜放在坩埚上，以防止受热物跳出，并让空气能自由进出以进行可能的氧化反应。坩埚因其底部很小，一般需要架在泥三角上才能以火直接加热。

25
核燃料铀的冷落史

刚刚问世的铀"性格"怎样，"本领"如何？人们一无所知，甚至对它的"体重"（原子量）也不知道。"怀才不遇"的铀一下默默无闻地沉睡了100多年。1896年，法国物理学家贝克勒尔在研究X射线的过程中，偶尔发现：铀具有放射性。继居里夫妇1898年成功地分离出两种新元素——镭和钋后，美国物理学家卢瑟福于1899年又揭示出了放射现象："放射线不是单一的，可以分出带正电荷的 α 射线和带负电荷的 β

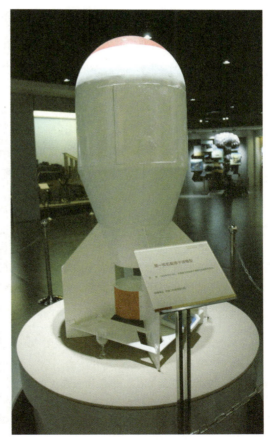

🔎 **核弹头模型**

射线，而后又分出不带电荷的 γ 射线，同时转变为其他元素"。卢瑟福对铀"分身术"的发现，动摇了"原子不可分，化学元素不可变"的理论，拉开了人类探索原子核奥秘的序幕，放射现象也开始为人类放光发热了。

从发现铀的放射性到原子核裂变的实现，又经历了40年左右的艰苦探索。1934年，意大利罗马大学的青年物理学家费米第一个实现铀核裂变。他通过复杂的仪器，用刚发现不久的中子作炮弹，来轰击作为靶子的铀核，结果得到了一些无法精确分析的放射性物质。后来，德国柏林威廉研究所的放射化学家哈恩等人也做了类似的实验，获得了成功。

（1）原子量

原子量，即原子的质量，科学家规定以一个碳原子（指碳-12）重量的十二分之一为标准，其他的原子重量同这个标准相对照，得出相对重量，称为这个原子的原子量。

（2）法国物理学家贝克勒尔

法国物理学家贝克勒尔，1852年12月15日生于法国巴黎，1908年8月25日卒于法国布列塔尼的克罗塞。由于研究荧光现象而发现了铀的放射性，因此获得了1903年诺贝尔物理学奖。

（3）柏林

柏林，德国首都，也是德国最大的城市，现有居民约340万。柏林位于德国东北部，四面被勃兰登堡州环绕。柏林市也是德国十六个联邦州之一，因此也称为柏林州。柏林、汉堡、不来梅三个城市同为德国的城市州。

26
寻找铀矿石

地壳内铀的含量占0.000 2%，据地质学家估算，铀的总储量有几十万亿吨到百万亿吨，在自然界以各种化合物的形态赋存在地壳（包括海水、动植物）中。由于铀具有很强的迁移特性，寻找有工业价值的铀矿床是相当复杂和艰难的工作。一般要经过普查揭露、地质勘探、储量计算等几个阶段。

🔍 核电站模型

普查的目的是运用地质、物理、化学、水文等综合方法，查明地质背景和成矿条件，寻找异常点、带，研究矿化特征和分布规律，为揭露评价工作提供揭露点和远景分布。普查工作方法有两种：铀矿地质填图和γ测量找矿法。γ测量找矿法是目前寻找铀矿的主要方法，它是应用放射性测量仪器，对穿透能力极强的γ射线的放射性活度进行测量来发现铀矿的。它又可分为步行、汽车、航空三种方法。

铀矿石的种类很多，如晶质铀矿、非晶质铀矿、沥青铀矿、芙蓉铀矿、铜砷铀云母、绿碳钙铀矿、碳钠钙铀矿、盈江铀矿、水丝铀矿、斜方钛铀矿、红铀矿、碳镁铀矿和硅钙铀矿等。

（1）普查

普查是为了某种特定的目的而专门组织的一次性的全面调查。普查涉及面广，指标多，工作量大，时间性强。为了取得准确的统计资料，普查对集中领导和统一行动的要求很高。

（2）储量计算

储量计算是矿产地质勘探工作的一项重要内容，是根据矿产地质或矿床勘探所获得的矿床（或矿体）资料、数据，运用矿床学的理论及一定的方法，确定矿床（或矿体）各部分有用矿产的数量、质量、空间分布、技术条件及研究精度（或可靠精度）的过程。

（3）矿化作用

矿化作用是在土壤微生物作用下，土壤中有机态化合物转化为无机态化合物过程的总称。矿化作用的强度与土壤理化性质有关，还受被矿化的有机化合物中有关元素含量比例的影响。

27
开采铀矿

　　铀矿物和铀矿石具有放射性，在开采过程中必须要有预防氡气和放射性微尘的设备，保护工作者的人身安全。

🔍 海南核电站

铀矿开采与其他金属矿的开采基本相同，大致可分为露天开采、地下开采和溶浸法三种。近年来使用溶浸法开采铀矿的国家比较多。溶浸包括堆浸和地浸两种，它的原理是将溶剂喷洒或注入矿石中，有选择性地溶解矿石中的有用组分，再将溶液抽出处理，该法也称化学采矿。地浸采铀对铀矿种有特殊要求，以砂矿、岩矿为好。

（1）露天开采

露天开采是指从敞露地表的采矿场采出有用矿物的过程。优点是资源利用充分、回采率高、贫化率低，适于用大型机械施工，建矿快，产量大，劳动生产率高，成本低，劳动条件好，生产安全。但需要剥离岩土，排弃大量的岩石，尤其较深的露天矿，往往占用较多的农田，设备购置费用较高。

（2）地下开采

地下开采是指从地下矿床的矿块里采出矿石的过程，通过矿床开拓、矿块的采准、切割和回采四个步骤实现。地下采矿方法分类繁多，常用的以地压管理方法为依据，分为三大类：自然支护采矿法、人工支护采矿法和崩落采矿法。

（3）堆浸

堆浸指将低品位矿石堆直接布液进行浸出，再从浸出液中提取有用组分的工艺。它使溶液在矿石堆内的渗滤过程中，通过毛细和分子的扩散作用有选择地溶解和浸出矿石和废石堆中的金属。

28 铀　提　取

　　铀提取是将铀矿石加工成含铀75%～80%的化学浓缩物（重铀酸钠或重铀酸铵，俗称黄饼）。这是核工业的重要环节，一般要经过配矿、破碎、焙烧、磨矿、浸出、纯化等工序。

　　针对不同矿石，采用酸法浸出或碱法浸出。这两种方法又各自分为不同的工艺流程。

　　铀浸出后，不仅铀含量低，而且杂质种类多、含量高，必须去除才能达到核纯要求。这一过程就是纯化。纯化的方法有四种：溶剂萃取法、离子交换法、离子交换与溶剂萃取联合法、沉淀法。

核武器模型

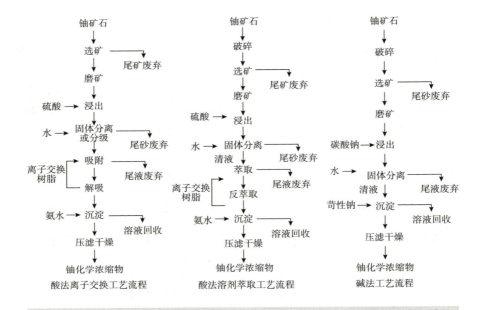

酸法离子交换工艺流程　　　酸法溶剂萃取工艺流程　　　碱法工艺流程

（1）配矿

　　配矿又称矿石质量中和。为了达到矿石质量指标要求，对品质高低不同的矿石，按比例进行互相搭配，尽量使之混合均匀，这种工作称为配矿。

（2）焙烧

　　焙烧是固体物料在高温不发生熔融的条件下进行的反应过程，可以有氧化、热解、还原、卤化等，通常用于焙烧无机化工和冶金工业。焙烧过程有加添加剂和不加添加剂两种类型。

（3）磨矿

　　磨矿是在机械设备中，借助于介质（钢球、钢棒、砾石）和矿石本身的冲击和磨剥作用，使矿石的粒度进一步变小，直至研磨成粉末的作业。目的是使组成矿石的有用矿物与脉石矿物达到最大限度的解离，以提供粒度上符合下一选矿工序要求的物料。

29
海水含铀丰富

　　裂变原子能的主要核燃料是铀和钍，它们在地壳中的储量倒是不少，可惜分布非常分散，有工业开采价值的铀、钍矿床实在不多。以铀为例，陆地上的铀矿储量不过几百万吨，在当前各国竞相开发核电的情况下，估计用不了多少年铀的供应就满足不了需求。

　　于是有人想到了蓝色的大海。海洋科学家认为，世界海洋中的铀至少有40亿吨，为陆地铀矿储量的1000多倍。然而海水中的铀浓度很低，每千吨海水中只有3克铀。

　　为了从海水中提取铀，人们已经研究了很多种办法，包括吸附法、沉淀法、浮选法、生物利用法等。海水里的铀如果能够全部提取出来，所含的裂变能量就相当于1×10^{16}吨标准煤，按现在的能耗水平来计算，可供全世界使用百万年。

　　传统的海水提铀法已不能满足日益增长的工业需求。美国一些科学家一直在试验一种新方法，用一种由氧化钛制成的纤维物质将铀从海水中分离出来。但1克氧化钛只能采集0.2毫克铀。这样提取的铀，数量太少，耗资太大。从海水中分离1千克铀，要花费5000多美元，所以这种方法没有实际使用价值。

🔍 防城港核电站

（1）吸附法

吸附法是利用多孔性的固体吸附剂将水样中的一种或数种组分吸附于表面，再用适宜溶剂、加热或吹气等方法将预测组分解吸，从而达到分离和富集的目的。

（2）浮选法

浮选法是选金生产中应用最广泛的一种选矿法，是利用矿物表面物理化学性质的差异来选分矿石的一种方法。这是目前常用于黄金浮选的一种方法。它适于选别0.01~0.5毫米的金矿粒。

（3）标准煤

标准煤亦称煤当量，具有统一的热值标准。我国规定每千克标准煤的热值为2.93×10^7焦。将不同品种、不同含量的能源按各自不同的热值换算成每千克热值为2.93×10^7焦的标准煤。

30
海水提取铀技术

　　日本科学家研究的海水提铀的方法是把一种用丙烯酸纤维、铵和其他化学物质制造的新纤维物质放入海水中。试验中，将1克新纤维放入海水中，10天后，就能采集到4毫克铀，相当于用氧化钛纤维采集的20倍。日本科学家在一个试验中心对这种纤维物质进行了试验。该试验中心设在四国岛的港口城市仁尾，已投入使用。该试验每从海水中提取1千克铀，花费600美元。

　　海浪蕴藏着极大的能量。瑞典皇家工学院的科学家设想利用海浪冲力从海水中取铀。在海面的浮船上安装一个大水箱，内有电解和吸收装置。海浪冲入箱内产生的压力，推动滚筒将海水源源不断地抽上来。含有铀离子的海水经过电解作用，再流经吸收隔膜而被浓缩，由此可以提取铀产品。

　　1987年，美国地理学会的微生物学家德里克·洛夫莱，发现了一种可生存于水中的吃铀微生物，叫作GS-15。这种微生物不仅可以净化被铀污染的水源，还能将有毒废料中的铀提取出来，使溶于水中的铀转换成另一种不溶于水的形式。科学家们根据吃铀微生物的特性，设计了一种充有GS-15细菌的生物反应器。当含有铀的海水流过这种生物反应器，吃铀微生物就会"大显神通"，使海水中的铀析出并沉淀在反应器的底部，然后回收分解并使用。

🔍 海浪

（1）四国岛

　　四国岛在南海道六国中，四国岛是由阿波、赞岐、伊予、土佐四个国构成的，所以称为"四国"。四国岛人口集中在沿海城市区。行政上分为爱媛、香川、高知、德岛四个县。北部多农业，生产稻米、大麦、小麦和柑橘。渔业发达。工业产品有石油、有色金属、纺织品、纸浆和纸张。

（2）微生物

　　微生物是一切肉眼看不见或看不清的微小生物，个体微小，结构简单，通常要用光学显微镜和电子显微镜才能看清楚。微生物包括细菌、病毒、霉菌、酵母菌等。

（3）生物反应器

　　生物反应器是指任何提供生物活性环境的制造或工程设备。在一种情况下，生物反应器是一个进行涉及生物或生物化学活性物质由特定的生物生产出来的化学过程的容器。此过程既可以有氧进行也可以无氧进行。这些生物反应器通常呈圆筒状，常由不锈钢制成。

天然铀的浓缩（一）

31

天然铀中主要包含两种铀同位素，即铀-238和铀-235。其中，铀-235只占天然铀的0.71%，其他基本上为铀-238。用作核武器装料的浓缩铀中，铀-235的含量必须占到90%以上。为此，必须对铀同位素进行分离，使铀-235富集。分离后余下的尾料，即含铀-235约0.3%的贫化铀，可作为贫铀弹的材料等。

铀同位素分离的方法很多，其中有工业应用价值的主要有两种，即气体扩散法和离心法。气体扩散法一般耗电量大，生产成本高，有被离心法取代的趋势。此外还有激光法、喷嘴法、电磁分离法、化学分离法等。

气态扩散浓缩法：铀的化合物、气态的六氟化铀，经压缩机压缩后，穿过分离膜。由于铀-235比铀-238轻，所以穿过去的速度比铀-238快一些。每个浓缩过程有三种主要的设备：把六氟化铀从低压处压向高压处的压缩机，排除气体被压缩时产生的热量的热交换器，还有一个扩散机。

要经过几千个这种基本的浓缩过程，才能生产出含量高的浓缩铀。还可以用不同的方法把几个基本过程连接为一体。

空气压缩机

（1）贫铀弹

　　贫铀弹是指用高密度的贫铀合金作弹芯的炮弹和炸弹，多用来穿透坦克装甲和高防护建筑物。贫铀弹爆炸时，能产生高温化学反应，穿透力极强，性能好于钨合金弹芯。其主要成分是铀-238，具有一定的放射性，对人体及自然生态环境危害极大。

（2）浓缩铀

　　铀是存在于自然界中的一种稀有化学元素，具有放射性。根据国际原子能机构的定义，丰度为3%的铀-235为核电站发电用低浓缩铀，铀-235丰度大于80%的铀为高浓缩铀，其中丰度大于90%的称为武器级高浓缩铀，主要用于制造核武器。

（3）压缩机

　　压缩机是将低压气体提升为高压的一种流体机械，是制冷系统的心脏。它从吸气管吸入低温低压的制冷剂气体，通过电机运转带动活塞对其进行压缩后，向排气管排出高温高压的制冷剂气体，为制冷循环提供动力，从而实现压缩→冷凝→膨胀→蒸发（吸热）的制冷循环。

32

天然铀的浓缩（二）

超速离心浓缩法是利用铀-235和铀-238两种同位素的质量不同、惯性也不同的原理，在一个圆柱形筒式离心机中，铀-235和铀-238以很高的速度进行圆周运动。较重的铀-238的惯性比较大，在惯性力的作用下，大部分趋向器壁上，而较轻的铀-235大部分留在圆筒的中央部分。

电磁分离法，从原理上说，有多种方式可以利用电磁场对带电粒子的作用实现同位素分离。但至今还只有基于磁场对离子作质量分离和方向聚焦的静磁法获得了实际应用，并于20世纪40年代初就被用于铀同位素的工业规模生产。

激光分离法，根据原子或分子在吸收光谱上的同位素位移，用特定波长的激光激发某种同位素原子或含有该原子的分子，再通过物理或化学方式使处于激发状态的该同位素原子或分子与仍处于基态的另一种同位素分开，从而达到富集同位素的目的。激光法是激光技术和核技术结合而产生的一种分离同位素的新方法，被认为是继扩散法、离心法之后最有希望发展成为一种新的工业生产浓缩铀的方法。

（1）圆周运动

　　圆周运动是指质点在以某点为圆心、半径为r的圆周上运动的轨迹，它是一种最常见的曲线运动。例如电动机转子、车轮、皮带轮等都作圆周运动。圆周运动分为匀速圆周运动和变速圆周运动。

（2）电磁场

　　电磁场是一种由带电物体产生的物理场，处于电磁场的带电物体会感受到电磁场的作用力。电磁场可由变速运动的带电粒子引起，也可由强弱变化的电流引起，不论原因如何，电磁场总是以光速向四周传播，形成电磁波。电磁场是电磁作用的媒递物，具有能量和动量，是物质存在的一种形式。

（3）吸收光谱

　　吸收光谱是指物质吸收电磁辐射后，以吸收波长或波长的其他函数所描绘出来的曲线，是物质分子对不同波长的光选择吸收的结果，是对物质进行分光光度研究的主要依据。

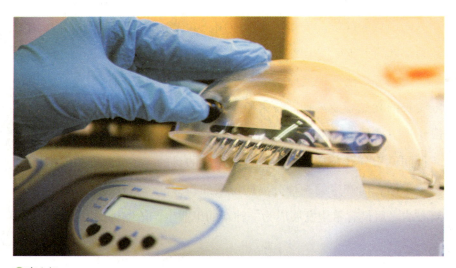

◌ 离心机

33

钚-239的生产（一）

钚-239是第二代快中子增殖堆的核燃料。

第二代反应堆是法国人设计的一种被称为"第二代的快中子增殖堆"，他们给它起了一个漂亮的名字叫"凤凰"反应堆，钚作核燃料，不用减速剂，仅有液态钠作冷却剂（载热剂）。这种类型的增殖堆已达到商业化阶段。法国已建成一座超"凤凰"型增殖堆，用于发电，电功率是130万千瓦。法国在第二代的快中子增殖堆商业化方面，比其他国家领先10年。快中子增殖反应堆能生产比它自身消耗还要多的燃料。

自然界存在的铀元素称为天然铀。天然铀中只含有0.71%的铀-235，98%以上都是铀-238。铀-238被中子一轰击，就会发生一系列的变化。

钚-239裂变速度快，临界质量小，有些核性能比铀-235好，是核能重要的核装料。但是它的毒性大，生产成本高，要建造复杂的生产堆和后处理厂，才能实现工业化生产。它是通过反应堆中产生的慢中子轰击铀-238产生的。

核电厂

（1）增殖堆

增殖堆是目前世界上最先进的核反应堆，又称为快堆。如果适当地利用增殖反应堆，就可以通过原子核裂变发电厂把地球上的潜在能源增加800倍。

（2）临界质量

临界质量是指维持核子链式反应所需的裂变材料质量。不同的可裂变材料受核子的性质（如裂变横切面）、物理性质、物料形状、纯度、是否被中子反射物料包围、是否有中子吸收物料等因素影响，而会有不同的临界质量。

（3）慢中子

慢中子是能量低于某一特定值的中子。该值的选择取决于具体应用场合。在反应堆物理中，通常把能量低于几电子伏的中子称为慢中子。在中子物理及核技术应用中，通常把能量约为1000电子伏的中子称为慢中子。热中子是与周围环境处于热平衡状态中的慢中子。

34

钚-239的生产（二）

中子来源于用天然铀做成的元件中的铀-235。铀-235裂变中子数额为2~3个，这些中子经慢化后会再次引起铀-235裂变。维持这种裂变反应只需一个次级中子就够了，其余的除被慢化剂等吸收掉外，即可使天然铀的铀-238转化为钚-239。所以，生产堆中的核燃料元件既是燃料，又是生产钚-239的原料。钚-239是从乏燃料元件中分离出来的。实际上，生产堆的作用就是烧掉一部分天然铀中的铀-235来换取钚-239，平均烧掉一个铀-235原子就能得到0.8个钚-239原子。

天然铀制成的核燃料元件，在生产堆进行燃烧和辐照后，生成钚-239，但要把它分离出来需送到专门的后处理厂来分离加工。不仅要把没有"烧"尽的铀分离出来再利用，还要把钚同其他裂变产物分离开。

钚-239分离出来后，还需要纯化，去除微量杂质，才能作为核能的装料。

生产堆的核燃料经后处理，铀与钚进行分离后，铀-235还有一定的含量，经纯化工序后，再经转换，为扩散厂提供原料。

（1）乏燃料

　　乏燃料，又称辐照核燃料，是在反应堆内烧过的核燃料。核燃料在堆内经中子轰击发生核反应，经一定时间从堆内卸出。它含有大量未用完的可增殖材料铀-238或钍-232，未烧完的和新生成的易裂变材料钚-239、铀-235以及核燃料在辐照过程中产生的镎、镅、锔等超铀元素等。

（2）辐照

　　辐照是指利用放射性元素的辐射改变分子结构的一种化工技术。通过辐照，使高分子材料之间的长线形大分子之间通过一定形式的化学键连接形成网状结构，它可以使高分子之间的束缚力大大增强，进而增强材料的热稳定性、阻燃性、化学稳定性、耐滴流性、强度和耐应力开裂。

（3）装料

　　装料是指装入炉膛内的固体炉料（如按冶炼钢种要求配入的废钢铁料及少量石灰等）。一般来讲，装料多，产气就多，因为原料是产气的物质基础。但是有时也不是这样，因为沼气发酵要经过两群细菌的活动。

核导弹模型

35
什么是裂变反应

重原子核变成两个中等质量的原子核，这就是核的裂变。例如，铀–235在中子轰击下，裂变成锶和氙，并释放出大量的热能。

要想使原子反应堆中的核燃料铀–235发生裂变反应，必须用中子去轰击铀核，铀–235核吞食一个中子，分裂成两个中等质量的新原子，如锶和氙，放出两个中子，同时释放出一定量的核能。因为这种中等质量的原子量之和是低于铀–235的，即出现质量亏损，它转变成原子能释放出来。从微观角度看，单个铀原子裂变放出的核能并不引人注目。从宏观角度看，释放出的核能相当惊人。

怎样才能让原子核产生裂变呢？必须有一种外界条件，如同我们用煤和木柴烧火取暖一样，想取暖，必须用火把它们点燃，煤和木柴在燃烧的过程中才能把化学能变成热能供我们使用。使原子核裂变放出原子能的手段，是利用中子去轰击原子核。

（1）铀核

铀核是一种物理元素，它有三种同位素，即铀–234、铀–235和铀–238。其中的铀–234和铀–238不会发生核裂变，只有铀–235这种同位素原子能够发生核裂变。但是，从矿山里开采出来的铀里面，铀–235的含量却很低，绝大部分是铀–238，它占了99.2%。

电厂

（2）质量亏损

在物理上，原子核的质量总是小于组成该核的全部核子独自存在时的总质量，这两者的差额叫作质量亏损。由爱因斯坦的质能方程可知：当一个系统能量有释放或吸收，必伴有质量改变。因而，质量亏损说明当若干个核子从自由状态结合成原子核时要放出的能量。

（3）微观

微观一般指空间线度小于 $1 \times 10^{-7} \sim 1 \times 10^{-6}$ 厘米的物质系统。包括分子、原子、原子核、基本粒子及与之相应的场。基本粒子也有其内部结构。微观世界的各层次都具有波粒二象性，服从量子力学规律。

36
原子反应堆的结构（一）

世界上第一个原子反应堆建于1942年，是石墨型的。

反应堆的种类很多，如压水堆、沸水堆、重水堆、快中子堆等，但不管什么类型，它们都具有几个相同的组成部分：防护层、减速剂、控制棒。

防护层是个高大的预应力钢筋混凝土构筑物，壁厚约1米，内表面加有6毫米厚的钢衬，有良好的密封性能，能防止放射物泄漏出来。

减速剂可使中子减速，提高中子击中原子核的效率。减速的方法是使中子与原子核发生碰撞。减速剂有普通水、重水、石墨等。在选择减速剂时，要考虑质量轻、对中子的吸收性弱、密度大的液体或固体。如在一个用浓缩铀作燃料的反应堆里，尽管水内氢的原子核对中子吸收较强，但氢核很轻，减速能力强，所以高压的或沸腾的普通水不失为一种良好的减速剂。

控制棒（包括安全棒），用于控制反应堆的反应性的可动部件。反应堆内链式裂变反应的强弱，可用控制棒予以控制。另外，控制棒还可以用于控制反应堆的功率分布，避免形成较大的功率峰，确保燃料元件温度不超过设计极限值。

（1）构筑物

构筑物主要是指除了一般有明确定义的工业建筑、民用建筑和农业建筑等之外的，对主体建筑有辅助作用的，有一定功能性的结构建筑的统称。一般是不适合人员直接居住的。

（2）重水堆

重水堆是以重水作慢化剂的反应堆，可以直接利用天然铀作为核燃料。重水堆可用轻水或重水作冷却剂，重水堆分压力容器式和压力管式两类。

（3）设计极限值

设计极限值是指在考虑施工等方面的一些不可预见因素的影响下而设计确定的数值。通常设计值比标准值低，标准值考虑的是理想状态下的，而设计值就要考虑施工等方面的一些不可预见因素的影响，两者之间是有一个安全系数的。

原子弹和氢弹模型

37
原子反应堆的结构（二）

堆芯。堆芯是放核燃料的地方，相当于普通锅炉的炉膛。核燃料裂变放出的热，可以加热普通水，生成蒸汽，驱动汽轮发电机发电，这就是原子能电站。堆芯是反应堆的核心。热堆堆芯由燃料、慢化剂、控制元件以及结构材料等组成，并有冷却剂从中流过将热能导出。

载热剂，也叫冷却剂。载热剂是把反应堆裂变时释放出的已变成热能的原子能输送出来的载热材料。在天然铀作燃料的反应堆中，可用加压二

🔍 电厂

氧化碳气作载热剂。这种气体在堆内和堆芯周围迅速地流动，可以将热量输送出来。在以浓缩铀作燃料的普通水反应堆中，用高压水或沸水作载热剂。在这种类型的反应堆中，减速剂兼作载热剂。在增殖堆中，一般用液态钠充当载热剂，也可以用其他有机液体，如碳氢化合物等。

交换器。载热剂携带着热能流出反应堆，进入热交换器。在热交换器中，不与另一回路的水直接接触就把水变成蒸汽。综上所述，反应堆的主要结构是：防护层、外壳、控制棒、堆芯、水循环回路、蒸汽循环回路、核燃料和减速剂等。

（1）炉膛

炉膛是由炉墙包围起来供燃料燃烧的立体空间。炉膛的作用是保证燃料尽可能地燃烧，并使炉膛出口烟气温度冷却到对流受热面安全工作允许的温度。为此，炉膛应有足够的空间，并布置足够的受热面。

（2）载热剂

载热剂是指将反应堆工作时核燃料裂变放出的巨大热量循环流动输送到堆外的物质。它作为动力的能源加以利用，同时使堆内的温度不致过分升高，保证反应堆正常工作。优良的载热剂必须具有不易吸收中子、比热大、在高温和 γ 辐照下不会分解等性质，并可兼作减速剂用。

（3）碳氢化合物

碳氢化合物是仅由碳和氢两种元素组成的有机化合物。它和氯气、溴蒸汽、氧等反应生成烃的衍生物，饱和烃（和苯）不与强酸、强碱、强氧化剂（如高锰酸钾）反应。

38
核反应堆的类型

　　核反应堆是以铀（钚或铀钚混合物）作燃料实现可控核裂变链式反应的装置，也是核电站的核心装置。目前，达到商用规模的核电站反应堆型有压水堆、重水堆、石墨气冷堆、沸水堆和快堆等。

🔎 **核反应堆模型**

压水堆。采用低浓（铀-235浓度约为3%）的二氧化铀作燃料，高压水作慢化剂和冷却剂，是目前世界上最为成熟的堆型。

沸水堆。采用低浓的二氧化铀作燃料，沸腾水作慢化剂和冷却剂。

重水堆。重水作慢化剂，重水或沸腾轻水作冷却剂，可用天然铀作燃料。目前达到商用水平的只有加拿大开发的坎杜堆。

快中子堆。采用钚或高浓铀作燃料，一般用液态金属钠作冷却剂。不用慢化剂。根据冷却剂的不同分为钠冷快堆和气冷快堆。

核电站是一种利用原子核内蕴藏的能量，大规模生产电力的新型发电站。

（1）沸水堆与压水堆的区别

沸水堆与压水堆同属轻水堆，都有结构紧凑、安全可靠等优点。但沸水堆系统比压水堆简单，特别是省去了蒸汽发生器这一压水堆的薄弱环节，减少了一大故障源。

（2）快堆

快堆是"快中子反应堆"的简称，是世界上第四代先进核能系统的首选堆型，代表了第四代核能系统的发展方向。其形成的核燃料闭合式循环，可使铀资源利用率提高至60%以上，也可使核废料产生量得到最大程度的降低，实现放射性废物最小化。

（3）石墨气冷堆

石墨气冷堆就是天然铀作燃料，石墨作慢化剂，二氧化碳作冷却剂的反应堆。这种反应堆是英法两国为商用发电建造的堆型之一，是在军用钚生产堆的基础上发展起来的，早在1956年，英国就建造了净功率为45兆瓦的核电站。

39
压水型反应堆（一）

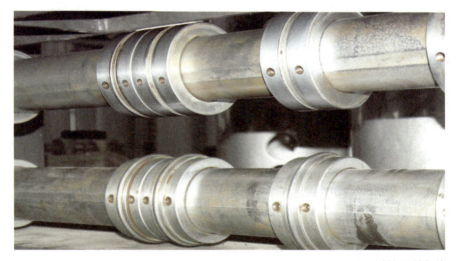

🔍 **不锈钢机械部件**

　　压水型反应堆，又叫压水堆。它是一个钢制圆柱形耐压容器，上下端均有半球形封头，上封头与筒体间用法兰连接，下封头与筒体焊成一体。容器尺寸因反应堆功率而异，现代大型核电站的反应堆壳体（叫压力壳）直径4～5米，高约10米，壁厚有20厘米，总重有400多吨。

　　反应堆内部放置核燃料，实现核反应的区叫活性区。活性区内有100多组燃料元件，布置成圆柱状。每组燃料元件由225根（15×15）或289根（17×17）燃料棒组成，燃料棒之间留有一定的间隙，布置成方形组件。燃料棒是长约3米、直径为10毫米的不锈钢（或锆合金）管，里面装有许多片二氧化铀锭片，棒两端封死，内充氦气。一个大型反应堆有3万～4万根燃料棒。铀核的裂变反应就在燃料棒内二氧化铀锭片中进行。整个活性区装在一个叫"吊篮"的钢制容器上，固定在反应堆压力壳内。

只有反应堆还不能发出电来，还需要有一系列必要的能量转换设备。这些设备加上使之正常安全运行所必需的系统，称之为核动力装置。压水堆型核动力装置由两个回路组成：一个回路包括反应堆1个，蒸汽发生器2～4台，主载剂泵2～4台以及连接这些设备的主管道和相应的辅助系统。

（1）法兰

法兰，又叫法兰盘或突缘。法兰是使管子与管子、管子与阀门相互连接的零件。法兰上有孔眼，螺栓使两个法兰紧连。法兰间用衬垫密封。法兰分螺纹连接（丝接）法兰、焊接法兰及卡套法兰。

（2）不锈钢

不锈钢指耐空气、蒸汽、水等弱腐蚀介质和酸、碱、盐等化学侵蚀性介质腐蚀的钢，又称不锈耐酸钢。实际应用中，常将耐弱腐蚀介质腐蚀的钢称为不锈钢，而将耐化学介质腐蚀的钢称为耐酸钢。

（3）二氧化铀

二氧化铀是指铀与氧二元系中的一种热力学稳定相，属非化学计量离子化合物。二氧化铀具有半导体性质，电阻率随温度升高而下降。二氧化铀具有受强辐照时不发生异性变形、在高温下晶格结构不变、不挥发和不与水发生化学反应等特性，已广泛用于制造反应堆燃料元件。

40
压水型反应堆（二）

二回路与普通发电厂相似，包括汽轮发电机组、主冷凝器、凝结水系统以及其他辅助系统。不同之处是普通发电厂的锅炉在这里为核蒸汽供应系统所代替。

一个典型的压水堆核电站，由以下一些主要厂房组成：安全壳（反应堆大厅）、汽轮发电机厂房、辅助厂房、三废处理车间、燃烧操作车

🔍 废气

间、变电站及行政楼。反应堆和整个一回路的高温高压设备都装在安全壳内。安全壳一般是双层结构，内层为钢壳，外壳为钢筋混凝土。安全壳直径为40米，高约60米，是一圆柱形半球顶建筑。反应堆运行时安全壳封闭，任何人员不得进入安全壳内。汽轮发电机等二回路设备大多设在汽轮发电机厂房，这里没有放射性，运行值班人员可以像在普通发电厂一样正常操作。三废处理车间内设有完善的放射性废水、废气和废物处理设备，确保核电站对环境不致造成放射性污染。燃料操作车间用以接受、贮存和处理新的燃料元件，也用于贮存用废的燃料元件。

（1）二回路

二回路是指带出一回路冷却剂热量的二次冷却剂循环系统。二回路的主要功用是将蒸汽发生器产生的饱和蒸汽供汽轮发电机组做功，同时也提供蒸汽，为电站其他辅助设备使用。做完功的蒸汽在冷凝器中凝结成水，由凝结水系统将水打入蒸汽发生器。

（2）三废

三废指废气、废水、固体废弃物的总称。对"三废"区别不同情况，采取多级净化、去污、压缩减容、焚烧、固化等措施处理、处置。这个过程称为"三废"处理与处置。

（3）放射性废物

放射性废物为含有放射性核素或被放射性核素污染，其浓度或活度大于国家审管部门规定的清洁解控水平，并且预计不再利用的物质。放射性废物的危害包括物理毒性、化学毒性和生物毒性。

41
核供热反应堆

　　核能不仅能发电，也能供热。它既可以提供工业用热，又可以满足居民取暖。

　　核电站是利用核反应堆所产生的热把蒸汽发生器里的水变成水蒸气，然后水蒸气再推动汽轮发电机来发电。汽轮机内的冷却水就把剩

 海水淡化装置

下的热量带走了。因此，即使是大型的核电站，发电效率也不高，只有33%左右。这就是说，它的大部分能量都没有被利用，白白地跑掉了。这样既浪费能源，又会造成热污染，怎么办呢？科学家研究把核电站排出的热水用在家庭取暖、海水淡化、养鱼、灌溉等方面。这样一来，核反应堆的热效率可以提高50%～60%。

可是，从安全方面考虑，一般的核电站都远离城市，再加上它的余热的温度又比较低，普遍都在100℃以下，因此，用它来供热就受到一定的限制。要解决好这个问题，最根本的办法还得专门设计一些能够满足供热要求的核反应堆。

（1）蒸汽发生器

蒸汽发生器俗称锅炉，是利用燃料或其他能源的热能把水加热成为热水或蒸汽的机械设备。有产生过热蒸汽的直流式蒸汽发生器和带汽水分离器、干燥器的饱和蒸汽发生器两类。

（2）热污染

热污染是指现代工业生产和生活中排放的废热所造成的环境污染。热污染可以污染大气和水体。火力发电厂、核电站和钢铁厂的冷却系统排出的热水，以及石油、化工、造纸等工厂排出的生产性废水均含有大量废热。这些废热排入地面水体之后，能使水温升高。

（3）海水淡化

海水淡化即利用海水脱盐生产淡水，是实现水资源利用的开源增量技术，可以增加淡水总量，且不受时空和气候影响，水质好、价格渐趋合理，可以保障沿海居民饮用水和工业锅炉补水等稳定供水。

42
高温核供热反应堆

根据供热温度的需要，人们把这些特殊的核反应堆供热形式分成三大类，这就是高温供热、中温供热和低温供热。

高温核供热反应堆提供的热源的温度比较高，一般是在300℃以上。这种类型的代表是高温气冷反应堆。跟普通核反应堆不同，它的核燃料的包壳不是用金属，而是用能耐高温的石墨，做成直径为6厘米大小的石墨球，每个反应堆里装几十万到几百万个这种石墨球。反应堆运行过程中，可以连续地装料和卸料，像一个很大的煤球炉。它的

🔍炼油厂

冷却剂不采用水而采用惰性气体氦，氦气从反应堆上头进入，向下流过这个大煤球炉，输送出来的氦气的温度可以达到900℃以上，进入蒸汽发生器，把热量传给水，产生20 265千帕、500℃的高压水蒸气，供给工业用户使用。也可以直接利用这900℃的高温氦气。因此，它的用途非常广泛，很受人们的青睐。

高温核供热反应堆可以用在油田的热开采上，可以用在炼油厂的催化、裂解等高温加热设备上，还可以用来开采和加工油母页岩、生产石油和天然气、分解水制取氢气。高温气冷堆是20世纪50年代开始研制的。到20世纪60年代中期，英、美、德先后建成了3座试验堆。到20世纪末期，已实现了商业化。

（1）惰性气体

惰性气体又叫稀有气体元素，指氦、氖、氩、氪、氙、氡以及不久前发现的Uuo7种元素，又因为它们在元素周期表上位于最右侧的零族，因此亦称零族元素。稀有气体单质都是由单个原子构成的分子组成的，所以其固态时都是分子晶体。

（2）油田

油田是指受构造、地层、岩性等因素控制的圈闭面积内，一组油藏的总和。有时一个油田仅包含一个油藏，有时包括若干个油藏，还可能有气藏。

（3）商业化

商业化不是产业化，它指的是以生产某种产品为手段，以营利为主要目的的行为。商业化是促进生产社会化，解放和发展生产力，充分动员社会资源，满足人们日益增长及不断差异化的物质文化要求。

43
中温核供热反应堆

　　中温核供热，一般是指供热温度在150℃以上、300℃以下，主要是用在化工、纺织、造纸、制药等部门。高温气冷堆和普通核热电站都能提供中温核供热。

　　因为核电站大都建立在远离城市的地区，这里人烟稀少，偏僻，更无工业可言，所以要把它改成向工业集中的城市供热，就必须铺设很长的输热管道，这样不只是投资大，而且热损失也很大。另外，还得安装发电和供热两套设施，增加了核热电站的总投资。因此，要是把普通的核电站改建成核热电站，在经济上可要好好算一算。一般说来，规模越大越经济合算，在300万千瓦左右比较理想。

目前，各国都在进行远距离供热的研究工作。例如，用玻璃纤维和塑料做的管道来代替钢管，可降低造价和运行费用。又如，有些国家在研制第二代非常安全可靠的核电站，这样就可以把它建在靠近用户的地方。

（1）造纸

造纸是中国四大发明之一，是人类文明史上的一项杰出的成就。造纸生产分为制浆和造纸两个基本过程。制浆就是用机械的方法、化学的方法或者两者相结合的方法把植物纤维原料离解变成本色纸浆或漂白纸浆。造纸则是把悬浮在水中的纸浆纤维，经过各种加工结合成合乎各种要求的纸页。

（2）玻璃纤维

玻璃纤维是一种性能优异的无机非金属材料，种类繁多，优点是绝缘性好、耐热性强、抗腐蚀性好、机械强度高，但缺点是性脆、耐磨性较差。玻璃纤维通常用作复合材料中的增强材料、电绝缘材料和绝热保温材料、电路基板等国民经济各个领域。

（3）运行费用

运行费用是指系统正常运行生产时每吨产品耗费的工（资）、料（原材料、水、电等）、费（折旧费、修理费、管理费等）的价值，是衡量系统经营效果的一项重要指标，对新建项目的决策有重大影响。

44
低温核供热反应堆

　　低温核供热一般是指供热温度在150℃以下的核供热系统。这个温度范围的用户较多，无论是工业生产或是日常生活，这样的温度值用量最大，大约占热量总消耗量的50%。所以说，从能源开发的角度来说，低温核供热的应用前景十分诱人。世界上一些国家已经建成一种专门用在低温供热上的核反应堆，称为低温核供热站。

　　同普通的核电站相比，低温核供热站的反应堆是低温低压反应堆，结构简单，造价低，安全性也好。它不发电，只供热。这种反应堆的构造很特殊，形状像一个埋在地下的大水池子，水深20米左右，池里插着几百束铀棒。纯净的水就从铀棒之间流过，被加热到100℃，再用泵把热水抽出来，经过换热器，把热量传给通向用户的热水系统，供给用户使用。

建一座低温核供热站的投资只有相同功率核电站的1/3左右。在离煤矿比较远的地区，它的供热成本比烧煤锅炉还低。一座功率为45万千瓦的低温核供热站可以满足大约600万平方米的建筑物采暖。

据报道，目前俄罗斯、德国、法国、瑞典、加拿大、中国等，都建立了低温核供热站，估计未来会更加蓬勃发展。

（1）煤矿

煤矿是人类在开掘富含有煤炭的地质层时所挖掘的合理空间，通常包括巷道、井峒和采掘面等。煤是最主要的固体燃料，是可燃性有机岩的一种。它是由一定地质年代生长的繁茂植物，在适宜的地质环境中，逐渐堆积成厚层，并埋没在水底或泥沙中，经过漫长地质年代的天然煤化作用而形成的。

（2）德国

德国全称为德意志联邦共和国，位于欧洲中部，是一个富有魅力的旅游之国。它为旅游者提供了丰富多彩的城市风光，引人入胜的旅游地比比皆是。德国四季分明，温和湿润，冬季平均气温在1.5~6℃之间，夏季在18~20℃之间，九十月份是旅游的好季节。

（3）瑞典

瑞典位于北欧斯堪的纳维亚半岛的东南部，面积约45万平方千米，是北欧最大的国家。瑞典是科技高度发达的国家，国民享有高标准的生活品质。瑞典属于世界经济高度发达国家，更被视为具有社会自由主义倾向以及极力追求平等的现代化福利社会。

45
核 电 站

原子核反应堆的用处很多。从能源角度来说，原子核反应堆可以为潜艇、大型舰船和破冰船等提供动力，也可以用来发电和供热。用来发电的叫核电站，用来供热的叫核供热站，又发电、又供热的叫核热电站。

用原子能作为动力的电站，称为核电站。原子发电与一般火力发电的不同之处不仅是燃料，而且还在于它以反应堆代替锅炉，以原子核裂变释放的能量来加热蒸汽，推动汽轮发电机发电。

 核电站模型

核电站是将原子核裂变释放出的核能转变为电能的，所以它是由核动力反应堆、蒸汽发生器、稳压器、水泵、汽轮机和发电机等动力设备、安全壳和防护等设备组成。

世界上核电站堆型很多，但达到商用规模的却只有5种，即压水堆、沸水堆、重水堆、石墨气冷堆和石墨水冷堆。但是，后两种堆型由于安全和经济方面的原因不再建造了。

世界上第一座核反应堆实验装置于1942年12月2日出现在美国。第一个并网运行的核电站是前苏联奥布宁斯科核电站，1954年开始运行，用浓缩铀作燃料，减速剂是石墨，载热剂是加压水，发电量5000千瓦，可供6000居民的小镇用电。

（1）潜艇

潜艇是既能在水面航行又能潜入水中某一深度进行机动作战的舰艇，是海军的主要舰种之一。潜艇在战斗中的主要作用是：对陆上战略目标实施核袭击，摧毁敌方军事、政治、经济中心；消灭运输舰船，破坏敌方海上交通线；攻击大中型水面舰艇和潜艇；布雷、侦察、救援和遣送特种人员登陆等。

（2）破冰船

破冰船是用于破碎水面冰层，开辟航道，保障舰船进出冰封港口、锚地，或引导舰船在冰区航行的勤务船。分为江河、湖泊、港湾和海洋破冰船。船身短而宽，长宽比值小，底部首尾上翘，首柱尖削前倾，总体强度高，首尾和水线区用厚钢板和密骨架加强。

（3）稳压器

稳压器是一种能自动调整输出电压的供电电路或供电设备，将波动较大和达不到电器设备要求的电源电压稳定在它的设定值范围内，使各种电路或电器设备能在额定工作电压下正常工作的设备。

46
核电站的组成

核电站所有反应堆都应该包括核燃料、减速剂和载热剂三个部分。

核燃料能够发生核裂变的物质，如铀-235等，称为核燃料。有的反应堆用天然铀作核燃料，有的反应堆则用铀-235含量较高的浓缩铀作核燃料。

减速剂的作用是使裂变反应中产生的高速中子尽可能快地减速，成为容易引起铀-235裂变的热中

蒸汽发生器

子。常用的减速剂有水、重氢中的氘，重水是一种很理想的减速剂，此外，石墨也是很好的减速剂。其实，水和重水还起着载热剂的作用。

依靠载热剂的循环吸收裂变反应放出的热量，使反应堆的温度不致增高，并把热量传输到反应堆外，以供应用。载热剂可用压缩气体、水或钠蒸汽等。

核电站反应堆的种类很多，有以气体为载热剂，以石墨为减速剂的气冷反应堆；有以重水为载热剂和减速剂，以天然铀为燃料的重水堆；有以普通水作载热剂和减速剂，以低浓缩的铀-235为燃料的轻水堆。轻水堆有沸水堆和压水堆两大类型。在这两种堆型中，又以压水堆的数量为最多。

（1）重氢

重氢为氢的一种稳定形态同位素，元素符号一般为D或2H。它的原子核由一个质子和一个中子组成。在大自然的含量约为一般氢的七千分之一，用于热核反应，被称为"未来的天然燃料"。

（2）轻水堆

轻水堆是指以水或汽水混合物作为冷却剂和慢化剂的反应堆，包括压水反应堆和沸水反应堆。轻水堆就堆内载出核裂变热能的方式可分为压水堆和沸水堆两种，是目前国际上多数核电站所采用的两种堆型。

（3）压缩气体

压缩气体是指永久气体、液化气体和溶解气体的统称，并且在-50℃下加压时完全是气态的气体，包括临界温度低于或者等于-50℃的气体。

47
核电站的类型

压水堆核电站，是以压水堆为热源的核电站。它主要由核岛和常规岛组成。核岛中的系统主要有压水堆本体、一回路系统以及为支持一回路系统正常运行和保证反应堆安全而设置的辅助系统。常规岛主要包括汽轮机组及二回路等系统，其形式与常规火电站类似。

重水堆核电站，是以重水堆为热源的核电站。重水堆是以重水作慢化剂的反应堆，可以直接利用天然铀作为燃料。重水堆可用轻水或重水作冷却剂，重水堆分压力容器式和压力管式。重水

🔎 火电站的冷却塔

堆核电站是发展较早的核电站。

沸水堆核电站，是以沸水堆为热源的核电站。沸水堆是以沸腾轻水为慢化剂和冷却剂，并在反应堆压力容器内直接产生饱和蒸汽的动力堆。沸水堆与压水堆同属轻水堆，都具有结构紧凑、安全可靠、建造费用低和负荷跟随能力强等优点。

快堆核电站，是由快中子引起链式裂变反应所释放出来的热能转换为电能的核电站。快堆在运行中既消耗裂变材料，又生产新裂变材料，而且所产多于所耗，能实现核裂变材料增殖。

在快堆中，铀-238原则上都能转换成钚-239而得以使用。快堆可将铀资源的利用率提高到60%～70%。

（1）核岛

核岛是核电站安全壳内的核反应堆及与反应堆有关的各个系统的统称。核岛的主要功能是利用核裂变产生蒸汽。主要包括反应堆厂房、核燃料厂房、控制辅助厂房、电气厂房（含应急柴油发电机厂房）等。

（2）常规岛

常规岛是指电装置中汽轮发电机组及其配套设施和它们所在厂房的总称。常规岛的主要功能是将核岛产生的蒸汽的热能转换成汽轮机的机械能，再通过发电机转变成电能。常规岛厂房主要包括汽轮机厂房、冷却水泵房和水处理厂房、变压器区构筑物、开关站、网控楼、变电站及配电所等。

（3）火电站

火电站是利用煤、石油、天然气作为燃料生产电能的工厂，它的基本生产过程是：燃料在锅炉中燃烧加热水使水变成蒸汽，将燃料的化学能转变成热能，蒸汽压力推动汽轮机旋转，热能转换成机械能，然后汽轮机带动发电机旋转，将机械能转变成电能。

48
核电站发展迅速

⚲ 核电厂

　　核电发展很快，从第二次世界大战以后，军事上的需要使美国、英国、法国等国家，相继发展起本国的原子能工业。这些国家在发展原子能反应堆的基础上，开始了小型核发电反应堆的研究，到20世纪50年代，这一研究取得了巨大进展。1954年6月，苏联建成世界上第一座发电功率为5000千瓦的核电站；1956年，美国建成了一座发电功率为7.5万千瓦的核电站。1956年以后，世界核电站装机容量以年平均25.5%的速度递增。目前，全世界核电站的发电量，占世界总发电量的16%以上。核电的开发成为世界各国发展能源的潮流。

核能利用是人类开发利用能源历史上一次巨大的飞跃。能源专家评价说，在未来多元化的能源结构中，核能代替常规能源将势在必行，核能的地位将会逐渐提高，成为未来能源发展的一个重要方向。

核电站发展为什么这样迅速？是因为它有许多优点。例如，它是有效的替代能源，燃料的运输量很小，发电成本低，安全，而且对环境污染小。正是因为核电站有这么多的优点，所以不管是工业发达国家，还是发展中国家，都在积极地发展核电站。

（1）装机容量
电力系统的总装机容量是指该系统实际安装的发电机组额定有功功率的总和，以千瓦、兆瓦、吉瓦计。

（2）多元化
多元化指任何在某种程度上相似但有所不同的人员的组合。在工作场所里，人们通常倾向于将多元化联想到容易识别的特性，如性别或种族。在一个专业环境里，多元化可以应用到教育、思维方式、婚姻状况领域和几乎任何可以在人与人之间辨认的差异。

（3）替代能源
狭义的替代能源仅仅是指一切可以替代石油的能源；而广义的替代能源是指可以替代目前使用的石化燃料的能源（石化燃料包括石油、天然气和煤炭），大多数的新能源都是替代能源，包括太阳能、核能、风能、海洋能等。

49

核电站发展三阶段

　　在核电发展过程中，可分为三个阶段，有的科学家又把这三个阶段称为第一代、第二代和第三代。

　　第一代，热中子反应堆，它的核燃料是含3%左右的铀-235的低浓缩铀，用速度比较慢的中子来轰击铀-235，使它发生裂变。这种热中子只能使铀-235发生裂变，而铀-235在天然铀中只占0.7%左右，98%以上都是铀-238。因此，这98%的铀-238不能利用，只好当成废料抛弃，造成铀资源的极大浪费，这样一来，几十年后，铀矿就会发生枯竭。所以，改变热中子反应堆也迫在眉睫。

　　第二代，快中子增殖堆，它的燃料是钚-239，反应堆中没有慢化剂，靠钚-239裂变产生的快中子来维持链式裂变反应。其特点是：

🔎 核电站模型

钚–239发生裂变反应放出来的快中子，被装在反应区周围的铀–238吸收，又变成钚–239。就这样，钚–239一边燃烧，一边使铀–238转变成新的钚–239，而且新产生的钚–239比烧掉的还多，所以称它为快中子增殖堆。这种反应堆能够提高铀资源使用率50～60倍。因此第二代核反应堆将成为人们的希望。

第三代，受控聚变堆，它使用的原料是重氢，即氘，这是一种很丰富的原料，仅海水中的氘就足够人类使用100亿年。但是，这种聚变反应需要上亿度高温条件，目前没有任何一种容器可以在这么高的温度下不熔化。为解决这一大难题，世界各国的科学家都在努力攻关，可望在半个世纪内投入生产。

（1）钚

钚是一种放射性元素，是原子能工业的重要原料，可作为核燃料和核武器的裂变剂。投于长崎市的原子弹，使用了钚制作内核部分。其也是放射性同位素热电机的热量来源，常用于驱动太空船。

（2）熔化

熔化是通过对物质加热，使物质从固态变成液态的变化过程。熔化要吸收热量，是吸热过程。晶体有一定的熔化温度，叫作熔点，而非晶体没有一定的熔化温度。非晶体熔化过程与晶体相似，只不过温度持续上升，需要持续吸热。

（3）世纪

一个世纪是100年，通常是指连续的100年。当用来计算日子时，世纪通常从可以被100整除的年代或此后一年开始，例如2000年或者2001年。因此第一世纪从公元1年到公元100年，而20世纪则从公元1901年到公元2000年，因此2001年是21世纪的第一年。

秦山核电站巡礼（一）

1994年，中国第一座核电站在浙江省海盐县海边的秦山落成。核电站中安装原子核反应堆的圆柱形球状屋顶建筑，十分引人注目，它叫安全壳厂房。它有十几层楼高，外壳用预应力钢筋混凝土浇筑而成，厚约1米。其内还有一层用钢板拼接而成的内壳，反应堆就安装在它的中央。为了防止反应堆中的放射性物质泄漏出来污染周围环境，在设备安装完成后，厂房全部密封起来。

秦山核电站采用的是一种压水反应堆。堆内的冷却水有很高的压力，即使水的

核电站模型

温度达到几百摄氏度也不汽化，所以这种反应堆称为压水堆。压水堆由压力容器和堆芯两部分组成。

堆芯是反应堆的心脏，装在压力容器的中间。堆芯的构造看上去像是由无数小方盒子排列而成的，这些小方盒子里装的是用浓缩铀氧化物经过烧结制成的燃料芯块。这些燃料芯块呈小圆柱形，粗细与铅笔差不多，把它们装入两端密封、长约4米的锆合金包壳管中，成为一根细长的核燃料元件棒，然后把它们按15根×15根排列成一个正方形，中间用弹簧定位格架将它们固定住，组成似方盒一样的核燃料组件。在堆芯中有100多个这种核燃料组件。

（1）浙江海盐县

浙江海盐县位处杭州湾北侧，属嘉兴地区。北距上海118千米，南离杭州98千米，综合实力百强县。海盐置县于秦，历史悠久，素以"鱼米之乡""丝绸之府""礼仪之邦""旅游之地"著称。

（2）秦山核电站

秦山核电站是中国自行设计、建造和运营管理的第一座30万千瓦压水堆核电站，地处浙江省海盐县。采用目前世界上技术成熟的压水堆，核岛内采用燃料包壳、压力壳和安全壳三道屏障，能承受极限事故引起的内压、高温和各种自然灾害。

（3）烧结

烧结就是将粉末或压坯在低于主要组分熔点温度下加热，使颗粒间产生连接，以提高制品性能的方法。人们很早就利用这个方法来生产陶瓷、耐火材料、超高温材料等。

秦山核电站巡礼（二）

🔍 **核电站模型**

　　堆芯中除了核燃料组件外，还有控制棒和硼的冷却水。控制棒用银铟镉材料制成，外面套上不锈钢包壳，粗细与核燃料棒相差不多。多根控制棒集成一束。控制棒可用来控制堆内核反应的快慢。如果反应堆发生故障，只要在堆芯中插入足够多的控制棒，在两秒钟内就会使反应堆停止工作，以确保反应堆的安全可靠。整个堆芯浸在含硼的冷却水中。反应堆产生的热能由流入堆内的含硼冷却水带到蒸汽发生器，将蒸汽发生器管外的水加热成高压蒸汽，放热后的含硼冷却水又重新流回到反应堆内。这一循环回路叫一回路循环系统。

秦山核电站有两条回路循环系统，每条回路循环系统均由主循环泵、蒸汽发生器和相应的管道组成。从蒸汽发生器出来的高温高压蒸汽，推动设在隔壁厂房里的汽轮机，蒸汽先通过汽轮机的高压缸，再进入低压缸，带动一台30万千瓦发电机发电，全年可发电22亿度。做功后的废气在冷凝器中冷凝成水，再由水泵送入加热器重新加热后送回蒸汽发生器中。这一循环回路叫二回路循环系统。

（1）硼

硼，原子序数5，原子量10.811。约公元前200年，古埃及、罗马、巴比伦曾用硼沙制造玻璃和焊接黄金。1808年，法国化学家盖·吕萨克和泰纳尔分别用金属钾还原硼酸制得单质硼。硼在地壳中的含量为0.001%。

（2）银铟镉

银铟镉是镉基三元合金，含银80%、铟15%、镉5%。具有高的中子吸收性能，使用期成分变化小。镉热中子吸收截面大，银和铟的热中子吸收截面较大。三种元素互补的结果，使其具有反应堆要求的控制能力，广泛用于压水堆的控制。

（3）高压缸

高压缸是汽轮机的一个组成部分，有单流和双流两种，就像汽轮机一样，在国外汽轮机被称为蒸汽涡轮发动机。高压缸有的缸体采用防腐蚀的中炭钢材料，法兰带外螺纹固定有单臂、双臂。

52
有效的替代能源

　　核能是有效的替代能源。核燃料的体积小而能量大，核能比化学能大几百万倍。1千克铀–235释放的能量相当于2700吨标准煤释放的能量。一座100万千瓦的大型烧煤电站，每年需要原煤300万～400万吨，

天然气储气站

运这些煤需要2760列火车，相当于每天8列火车，还要运走4000万吨灰渣，而同功率的压水堆核电站，一年仅耗含铀-235量为3%的低浓缩铀燃料28吨，比烧煤电站节省大量人力物力。另外，煤炭、石油、天然气等石化燃料也都是宝贵的化学工业原料，可以用来制造各种合成纤维、合成橡胶、塑料、染料、药品等，因此，将它们烧掉十分可惜。用核燃料作替代能源，可节约常规能源，并用在其他工业上。而铀对人类有益的用途只有一个，就是作为核反应堆的燃料。所以多用核燃料作替代能源是符合"物尽其用"的原则的。

（1）天然气

天然气是一种多组分的混合气态化石燃料，主要成分是烷烃，其中甲烷占绝大多数，另有少量的乙烷、丙烷和丁烷。它主要存在于油田和天然气田，也有少量出于煤层。天然气燃烧后无废渣、废水产生，相较煤炭、石油等能源有使用安全、热值高、洁净等优势。

（2）合成橡胶

合成橡胶是由人工合成的高弹性聚合物，也称合成弹性体，是三大合成材料之一，其产量仅低于合成树脂（或塑料）、合成纤维。合成橡胶中有少数品种的性能与天然橡胶相似，大多数与天然橡胶不同，但两者都是高弹性的高分子材料，一般均需经过硫化和加工之后，才具有实用性和使用价值。

（3）染料

染料是能使纤维和其他材料着色的物质，分天然和合成两大类。染料是有颜色的物质，但有颜色的物质并不一定是染料。作为染料，必须能够使一定颜色附着在纤维上且不易脱落、变色。

53
核能的优点

🔍 火力发电厂

对环境污染小。目前的环境污染问题大部分是由使用化石燃料引起的。化石燃料燃烧会放出大量的烟尘、二氧化碳、二氧化硫、氮氧化物等。由二氧化碳等有害气体造成的"温室效应",将使地球气温升高,会造成气候异常,加速土地沙漠化过程,给社会经济的可持续发展带来灾难性的影响。核电站就不排放这些有害物质,不会造成"温室效应"。核电站设置了层层屏障,把"脏"东西都藏在"肚子"里,基本上不排放污染环境的物质,就是放射性污染也比烧煤电站小得多。据统计,核电站正常运行的时候,一年给居民带来的放射性影响,还不到一次X光透视所受的剂量。

经济合算,发电成本低。世界上有核电国家的多年统计资料表明,虽然核电站的基本建设投资高于燃煤电厂,一般是同等火电厂的

1.5～2倍，不过，它所用的核燃料的费用要比煤便宜得多，运行维修费用也比火电厂少，因此，综合看来，核电站的发电成本比火电厂发电要低一些，目前，低20%～50%。

核能是可持续发展的能源。世界上已探明的铀储量约500万吨，钍储量约275万吨。这些裂变燃料足够人类使用到聚变能时代。聚变燃料主要是氘和锂，海水中氘的含量约为0.034克/升，据估计，地球上总的水量约为1.38×10^{18}立方米，其中氘的储量约4×10^{13}吨；地球上的锂储量有2000多亿吨，锂可用来制造氚，足够人类在聚变能时代使用。按目前世界能源消费的水平，地球上可供原子核聚变的氘和氚，能供人类使用上千亿年。因此，有些能源专家认为，只要解决了核聚变技术，人类就将从根本上解决能源问题。

（1）氮氧化物

氮氧化物包括多种化合物，如一氧化二氮（N_2O）、一氧化氮（NO）、二氧化氮（NO_2）、三氧化二氮（N_2O_3）、四氧化二氮（N_2O_4）和五氧化二氮（N_2O_5）等。除二氧化氮以外，其他氮氧化物均极不稳定。氮氧化物都具有不同程度的毒性。

（2）沙漠化

沙漠化是指在干旱和亚干旱地区，由于人类不合理的经济活动，使原非沙质荒漠的地区，出现了以风沙活动、沙丘起伏为主要标志的类似沙漠景观的环境退化过程。

（3）聚变能

聚变能分为核裂变能与核聚变能，前者已经被人类用来发电，而裂变堆的核燃料蕴藏极为有限，不仅产生强大的辐射，伤害人体，放射性核废料的处理也一直是让人头疼的难题。与之相比，核聚变辐射极少，且核聚变燃料可以说是取之不尽，用之不竭。

54 核电站安全屏障（一）

利用核能发电，最令人担心的是安全问题。许多人的疑虑多是由下面两个事件引起的。一是1945年8月6日和9日，美军在长崎、广岛投下两颗原子弹摧毁了日本的两座城市，死伤了很多人。又加上"冷战"时期的大肆渲染，造成人们的核恐怖。二是1979年3月，美国三里岛核电站发生核泄漏事件，1986年，苏联切尔诺贝利核电站发生核泄漏事故，大大加剧了人们对核能的忧虑，很多人谈"核"色变。

🔍 原子弹模型

其实，使用核能是安全的。从核电站反应堆的结构和安全设施来看，核电站有四道安全屏障。在轻水堆核电站中，为防止放射性物质的泄漏，人们对核电站设置了数道安全屏障：

燃料芯块。核裂变产生的放射性物质98%以上滞留在二氧化铀陶瓷芯块中。

燃料包壳。小指头大的燃料芯块叠装在锆合金管中，把管子密封起来。

压力容器（反应堆冷却剂压力边界）。由核燃料构成的堆芯封闭在壁厚20厘米的钢质压力容器内，压力容器和整个一回路都是耐高压的，放射性物质不会漏到反应堆厂房中。

（1）冷战

冷战是指美国和苏联及他们的盟友在1945年至1990年间在政治和外交上的对抗、冲突和竞争。由于第二次世界大战刚结束，对抗双方都尽力避免导致世界范围的大规模战争爆发，其对抗通常通过科技和军备竞赛、外交竞争等"冷"方式进行，因此称之为"冷战"。

（2）三里岛核电站

三里岛核电站位于美国宾夕法尼亚州哈里斯堡，萨斯奎哈纳河三里岛。1979年3月28日，美国三里岛核电站发生了历史上最严重的核泄漏事件——三里岛核事故。

（3）核泄漏

核泄漏是指核能外泄，又称为核熔毁，是发生于核能反应炉故障时严重的后遗症。核能外泄所发出的核能辐射虽远比核子武器威力与范围小，但是同样会造成一定程度的生物伤亡。

核电站安全屏障（二）

安全壳。反应堆厂房（安全壳）是一个高大的预应力钢筋混凝土构筑物，壁厚约1米，内表面加有6毫米厚的钢衬，有良好的密封性能，能防止放射性物质进入环境。一回路的设备都安装在这里。安全壳内还设有安全注水系统、安全壳喷淋系统、消气系统、空气净化和冷却系统等。安全壳能承受极限事故引

🔍 地震后的马路

起的内压和温度剧增，能承受龙卷风、地震等自然灾害，能承受外来冲击，如飞机坠毁的撞击。

另外，在设计上总是让反应堆具有稳定特性，即当核能释放太快，堆内温度上升过高时，反应会自行减弱甚至停止。因此，反应堆在任何情况下，即使失控或堆芯损坏，裂变反应都会自动停止，绝不可能发生像原子弹那样的核爆炸。

不过，核电站也有放射性污染问题，例如，铀矿采冶中排放的废水，核电站运行中排放的废气和废物，核燃料后处理，三废处置中排放的废气、废液和废物等。这些问题早已引起人们的注意，只要严格管理，这些问题是不难解决的。

（1）安全壳喷淋系统

安全壳喷淋系统是指在核电厂安全壳内发生失水事故或主蒸汽管道破裂时，向安全壳内喷出含硼水，限制安全壳内压力急剧增加和缩短高压持续时间、降低峰值压力和温度，以防止安全壳超压失效的系统。

（2）地震

地震又称地动、地振动，是地壳快速释放能量过程中造成振动，期间会产生地震波的一种自然现象。全球每年发生地震约550万次。地震常常造成严重的人员伤亡，能引起火灾、水灾、有毒气体泄漏、细菌及放射性物质扩散，还可能造成海啸、滑坡、崩塌、地裂缝等次生灾害。

（3）铀矿采冶

铀矿采冶是指从铀矿石中提出、浓缩和纯化精制天然铀产品的过程。铀矿采冶是核工业的基础，目的是将具有工业品位的矿石加工成有一定质量要求的固态铀化学浓缩物，以作为铀化工转换的原料。

56
核电站不会发生核爆炸

　　核电站燃料中的有效成分是铀–235。铀–235同样也是原子弹的核装料。人们会想到：核电站会不会像原子弹那样发生爆炸呢？科学家的回答是：不可能发生。原因有如下几点：

　　所有的铀–235的浓度不同。核电站燃料中的铀–235的浓度约为3%，而原子弹核装料的铀–235的含量高达90%以上。这就像啤酒和白酒一样，它们都含有酒精，然而含的多少不同。白酒的酒精度高，所

核电站

以可以点燃，而啤酒因酒精含量低，却不能点燃，是一样的道理。

结构和特性不同。原子弹用铀-235和钚-239因浓度高，必须以一套精密复杂的系统引爆高能烈性炸药，利用其爆炸力在瞬间将裂变物质压紧到一起，形成不可控的链式反应，发生核爆炸。这样苛刻的条件在核电站是不可能有的。核电站的燃料是分散布置在反应堆内的，在任何情况下，都不可能像原子弹那样紧聚到发生核爆炸。

1986年4月26日，苏联的切尔诺贝利核电站4号反应堆，发生了反应堆问世以来最大的事故，造成人员伤亡，但也仅是发生了化学爆炸和火灾，并未发生核爆炸。2011年3月11日，日本发生大地震，并引起巨大的海啸，造成福岛核电站严重核泄漏，但也没有发生核爆炸。

（1）啤酒

啤酒是人类最古老的酒精饮料，是水和茶之后世界上消耗量排名第三的饮料。啤酒于20世纪初传入中国，属外来酒种。啤酒是根据英语Beer译成中文"啤"，称其为"啤酒"，沿用至今。啤酒是以大麦芽、酒花、水为主要原料，经酵母发酵作用酿制而成的饱含二氧化碳的低酒精度酒。

（2）酒精度

酒精度表示酒中含乙醇的体积百分比，通常是以20℃时的体积比表示的，如50度的酒，表示在100毫升的酒中，含有乙醇50毫升（20℃）。酒精度一般是以容量来计算，故在酒精浓度后会加上"Vol."，以示与重量计算之区分。

（3）化学爆炸

化学爆炸是指因物质本身起化学反应，产生大量气体和高温而发生的爆炸。化学爆炸是消防工作中防止爆炸的重点，需要在爆炸极限内才会爆炸。

57
核燃料的后处理

🔎原子弹

处理用过的压水堆核燃料的过程，大致可分为四个环节：运输、中间贮存、后处理、强放射性废物的最终处置。

运输。从压水堆中卸出来的用过的核燃料，不能立刻运走，需要放在专门的冷却池中冷却，使其放射性减弱。经过很长一段时间以后，就用汽车或者火车把它运往后处理工厂。这是处理用过的核燃料的第一个环节。

中间贮存。在后处理工厂里设有专门的大水池子，把运来的用过的核燃料放在池内，存放很长一段时间。这是处理用过的核燃料的第二个环节。

后处理。用化学方法先把用过的核燃料中的铀和钚同其他东西分开，然后再把铀与钚分开，供给反应堆继续使用。最后再把分离出来的强放射性废物烧成固体的玻璃块或者直接固化，使它达到安全处置的条件。

关于后处理，目前世界上已经有十多个国家掌握了用溶剂萃取的分离技术。这方面中国也有十多年的经验。只要厂址选择得好，采用严密的安全防护措施，提高管理和操作水平，就不会污染环境。

（1）后处理

后处理是指在进行预处理后的下一步工作，是最后加工完善以前进行的工作，或者是对某一阶段性工作后进行的步骤，具体应用在不同的行业或领域会有不同的解释。

（2）冷却池

冷却池是通过水池水面与大气间的热交换，将冷却水携带的汽轮机排气的热量散发到大气中去的冷却设施。它包括用来冷却循环水的池塘、水库、湖泊、专用水池等。

（3）溶剂萃取

溶剂萃取指利用化合物在两种互不相溶（或微溶）的溶剂中溶解度或分配系数的不同，使化合物从一种溶剂内转移到另外一种溶剂中。经过反复多次萃取，将绝大部分的化合物提取出来。溶剂萃取法广泛地应用于冶金和化工行业中。

58
强放射性废物的处理

强放射性废物的最终处理，也就是用适当的方法把它同人和生物长期隔离开，使人和生物不会受到放射性危害。对于这个问题，长期以来世界各国曾经提出多种方案，有人主张把强放射性废物埋到深地层中去，有的主张把它埋到深海底中，也有人主张埋到地球北极的冰层底下，还有人主张把它送到太空中去等。但是，目前看来，比较现实可行的办法是把它埋到深地层中。

海底

　　强放射核废燃料的处置办法是先把强放射性废物固定在玻璃里，做成一块一块的固化块，再把这些固化块装到特制的封闭的容器里，放在地面库的竖井中，暂时存放几十年，最后再把它埋到500～1000米深的地层里。

　　这个办法是比较保险的，因为有好几道"封锁线"把它跟地面上的人和生物隔离起来。这第一道工程屏障是那些固化玻璃块，因为玻璃不会溶解在水里，所以放射性废物不会从玻璃块中泄漏出来的；其次，第二道屏障是盛固化玻璃的不锈钢或钛合金容器，耐腐蚀不易损坏；第三，是由吸附性强的黏土回填，隔离性很强。

（1）海底

　　海底指海洋的深水下面，海水和陆地的接触面。海洋面积约为地球表面积的71%。全球海洋一般被分为数个大洋和面积较小的海。四个主要的大洋为太平洋、大西洋和印度洋、北冰洋（有科学家又加上第五大洋，即南极洲附近的海域），大部分以陆地和海底地形线为界。

（2）地层

　　地质历史上某一时代形成的层状岩石称为地层，它主要包括沉积岩、火山沉积岩以及由它们经受一定变质的浅变质岩。地层是指在某一地质年代因沉积作用以及岩浆喷出活动形成的地层的总称。

（3）固化玻璃

　　固化玻璃是将放射性废液与玻璃基材按一定比例混合，通过高温熔融、退火，成为包容废物的稳定固化体。玻璃固化过程包括对放射性废物进行浓缩、煅烧，使其所含的盐分转化成氧化物，然后再与玻璃基料一起熔融，最终浇铸成固化玻璃。

用过的核燃料的再利用（一） 59

压水堆核电站用的燃料是低浓度铀，这种铀燃料中铀-235的含量很少，几乎都是铀-238。核电站核燃料的燃烧是不能全烧尽的，铀只能烧掉4.5%，还剩下95.5%的铀留在用过的燃料中。一座100万千瓦的压水堆核电站，大约要装80吨低浓度铀，每年得把其中的1/3换掉。也就是说，每年得把27吨左右用过的核燃料从反应堆中卸出来，再装上

💬 压缩打包的废纸

27吨左右的低浓度铀。替换出来的用过的核燃料数量很大，又有很强的放射性，并且还含有许多宝贵的可以利用的东西，因此，对用过的核燃料进行妥善的处理，是世界各国十分关心的重要问题。

对用过的核燃料进行后处理，不仅有重要的环境保护、安全意义，而且也有很高的经济价值。

可以回收没有烧尽的铀，合理充分地利用铀资源。一座100万千瓦的压水堆核电站，每年卸出27吨用过的核燃料，其中没有烧掉的铀就有25.8吨，如果把它进行后处理以后再回收利用的话，就相当于每年少开采、加工、处理2.5万吨的天然铀矿石。

（1）环境保护

环境保护是指人类为解决现实的或潜在的环境问题，协调人类与环境的关系，保障经济社会的持续发展而采取的各种行动的总称。其方法和手段有工程技术的、行政管理的，也有法律的、经济的、宣传教育的。

（2）回收

回收是回收利用的一种，指从废物中分离出来的有用物质经过物理或机械加工成为再利用的制品。例如，废玻璃、废金属、废电池等的回收利用。多指以将再次转手的方式收购二手货。

（3）经济价值

经济价值是指任何事物对于人和社会在经济上的意义，经济学上所说的"商品价值"及其规律则是实现经济价值的现实必然形式。

60

用过的核燃料的再利用（二）

🔍 核电站

　　可以回收大量的钚。钚无矿石可寻，是从铀裂变中产生的。在压水堆核反应堆里，一个快中子跟一个铀–238相结合，就产生了新的放射性元素钚。它是快中子增殖堆的燃料。一座100万千瓦的压水堆核电站，每年卸出的燃料可以回收0.25吨左右的钚。它既可以单独用来作快中子增殖堆核电站的燃料，又可以跟天然铀混合代替低浓度铀燃料，放在压水堆核电站中来使用。

也可以从用过的核燃料中提取镎、镅、锔等超铀元素。镎、镅、锔在国民经济中都是很有用的元素。例如，用镎–237作原料生产的钚–238，可以用来制造核电池，供给航天、海洋和医疗等方面使用。镅–241可以用在加工中子源、烟雾报警器、静电消除器等方面。这些产品目前世界上都是供不应求。

从用过的核燃料里还可以回收没有放射性的稀有气体氙和贵重金属铑、钯等，可以补充天然资源的不足。

由于提取出了钚和镎等长寿命的放射性元素，用过的核燃料的残余废物的放射性大大降低了，因此，也就降低了安全贮存这些废物的技术难度。

（1）超铀元素

超铀元素都是由人工核反应发现和制取的，但是有一些超铀元素存在于自然界。至今发现的超铀元素有18种。超铀元素大都是不稳定的人造元素，它们的半衰期很短，这给人工合成这些元素带来了困难。

（2）国民经济

国民经济是指一个现代国家范围内各社会生产部门、流通部门和其他经济部门所构成的互相联系的总体。工业、农业、建筑业、运输业、邮电业、商业、对外贸易、服务业、城市公用事业等，都是国民经济的组成部分。社会主义国民经济是建立在生产资料的社会主义公有制基础之上的。

（3）中子源

中子源是能够产生中子的装置，也是进行中子核反应、中子衍射等中子物理实验的必要设备，包括同位素中子源、加速器中子源和反应堆中子源。